U0896946

台湾名门府邸

TAIWAN'S LUXURY MANSION

DECO 经典住宅 open 欧朋文化

黄滢 主编

華中科技大学出版社
http://www.hustp.com
中国·武汉

前言
PREFACE

人文府邸 气质大宅

黄滢

近些年来，我们一直致力于东方文化设计的传播。台湾的设计起步较早，与国际设计交流互动较多，加之对中国传统文化的继承也较好，所以综合形成的设计水准也较高，赢得了良好的国际声誉。

欣赏台湾的优秀空间设计是一种享受。他们不但将国外的各种设计流派化为我用，并且也在有意无意间将本土的生活习惯、东方文化、东方式审美融入其中，使空间更适合我们东方人的生活习惯和审美意识。在本书呈现的作品中，无论风格是新古典风貌的、现代主义的，还是混搭流行的，都能多多少少找到中国文化的影子，有的是有形的图腾、标识，有的就是一种无形的气场，让人感觉非常舒服和自在，这样才是真正让人能够依恋和放松的家。

文化感和舒适度是空间设计的要旨，这是本书在选题立项中，特别想要强调的一点。

在中国风风火火的地产建设大潮里，各式豪宅、别墅、样板房风生水起，层出不穷。在大批量设计空间推向市场的过程中，很多空间的设计确实不错，创意迭出，手法熟练，装饰得富丽华美。但往往存在一个问题，对他国流派、国际风尚拿来得太生硬，堆砌得太繁复，看上去很美，但感觉是在参观别人的家，或者是在看展览，可以惊叹它的华美，赞叹它用材的奢华，感叹它艺术品的昂贵，但未必有真正想住下来的意愿。这些设计往往会忘了居住空间的本质是为人服务的，如果它营造的氛围、气场、文化、生活方式不是居住者所熟悉或喜爱的，就会令居住者感觉失衡，或者产生生活在异乡的错觉，这样的家如何令人依恋和怀想。

本书在选稿过程中，以"经典"和"传承"为标准进行精挑细选。我们相信优秀的作品不因时间而流逝，不因潮流而改向，始终具有足够的包容性、延展性与独道的识别性，这使其价值可以流传得更为恒久。

本书所收录的作品，皆是台湾著名设计公司具有年度代表性的作品，名门府邸，气质高雅。

台湾设计给我们可借鉴的特色有很多，比如：

1. 打造空间独有的气场，风格不重要。一般设计喜欢在设计前确定会用什么风格，然后寻找相关的文化图腾进行细部装饰，堆砌了太多物件之后，设计重心容易陷入复制风格的陷阱。而在本书的作品中，你会看到设计师对所要达

致的目标和要表达的主题非常明确，至于用什么风格，或什么元素都非常自由，按需撷取。比如"内敛与热情，悠闲度假之所在"项目中，设计师确定以发自内心的"休闲"感受出发进行设计，空间融汇了东南亚、中式甚至少许欧式风情，空间以一种顺畅轻盈的节奏连接，构成了独具个性又如度假般乐活放松的氛围。风格不是最重要的，空间得有自已的气场和所要表达的明确核心。

2. 拿捏住比例，把握好平衡。同样是大空间，为什么有的看起来空间气派又层次丰富，有的空间看起来要么空荡荡要么堆砌得不知所谓。这就需要设计能够精准地拿捏好比例，包括空间的规划比重，块面的大小比例，线条的关系比例。比例处理好了，所存纳的内容才能适得其所地发挥作用。比如"隐身优雅的至宠奢华"800 多平方米的奢华空间里，规划得体，点、线、面、块体的比例拿捏精准，因而空间显得奢华大气，客厅纵阔而层次丰富，楼梯厅高昂而华美瑰丽。再比如"恣意山中居，度假式休闲精品豪宅"，500 余平方米简约大气的空间里，首层以两排对列的黑色石片墙身做空间的半隔断，各功能区得以有效划分，层层深入的空间铺排方式，更显尊贵阔逸。

3. 敢于突破常规。常规往往是用来打破的，破陈才能出新。说到欧式风格的设计，我们常常看到的是各种深色木作在地面、墙身甚至是天花铺陈出沉稳大气的空间。说到色彩，也常是咖啡或大地色系，搭配金色、银色或酒红色，这样的空间看一二个还能说是很贵气，可连着看十个八个，就会感到千篇一律，无比沉重。空间是用来居住的，而居住的人性格多样，就象穿衣服一样，每个人都应该穿出自已的气质和范儿，总不能千人一面，一个模子打天下吧。住宅设计也是一样，走出常规，走向生活，才能呈现出动人的气质。比如"丝柔奢华，豪宅风范"的这套住宅，同样的欧式豪宅，却用宝蓝色创出了清新怡人的新欧式气质。材质上也创新组合，比如客厅以钢琴烤漆玻璃取代传统厚实的大理石材质，展现出如巧克力般丝滑质感的客厅主墙。

4. 艺术融入生活。台湾民间的艺术品收藏氛围浓郁，企业家或社会名流多会收藏各种类别的古董或艺术品，良好的鉴赏能力和对艺术的尊重，使得几乎每户名门大宅都会有几件值得称赞的收藏品。所以你会看到本书收录的作品中，几乎在玄关、大厅、端景等多个区域都有艺术品的展示，这不仅是设计的需要，也是一种潜移默化的素养的提升，非常值得倡导和学习。

5. 设计要有时间的观念。台湾的设计大师程绍正韬曾针对一栋新完成的别墅住宅在一个访谈中说，他设计的别墅要在里面生活过 3 年才能真正呈现出完美的状态。生活是个渐进的过程，有很多日常行为在里面。交付使用的只是初始状态，只有经过时间的考验，生活的积累，设计的结果才能真正展现出来。有很多住宅设计，特别是样板房，交付的初始状态美仑美奂，让人惊叹。使用起来，却会发现尺寸不对，使用起来不顺手，东西没地方摆，塞了东西的地方越来越乱，问题越来越多，这就是设计延展性不足。好的设计不是自说自话，而应与使用者形成互动，具有足够的预见性、未来的包容性、可变的灵活性，经受时间的考验，积累生活的痕迹，形成自已独特的气质。我们期待越来越多这样的的设计出现在我们的身边。

目录 DIRECTORY

古典精粹 CLASSICAL ESSENCE

大气东方 MAGNIFICENT ORIENT

无界混搭
UNBOUNDED MIX AND MATCH

现代大宅
MODERN MANSION

古典精粹
CLASSICAL ESSENCE

风动设计有限公司

设计总监 | 何三泰　地址 | 台北市敦化南路一段 187 巷 9 号 7 楼

Silklike House

丝柔奢华·豪宅风范

如巧克力般丝滑质感的主墙视觉，搭配嵌铜细线或银箔闪色的装饰细节，在低调的大局中展现出豪宅本质，让豪宅除了华贵表情外，更具低调、亲和人心的生活魅力。

采访撰文 | Fran 空间设计暨图片提供 | 风动设计

CASE1

即使经手的豪宅无以数计，但是风动设计深深地了解到，对于业主而言，每一栋交手给公司设计的空间都是无可替代的珍宝，因此，设计总监何三泰总是不断地要求自己以同理心来为每一个个案创造出无可取代的动人表情。

咖啡金时尚美色，创造古典新表情

为了给予空间更时尚的美感，特别以钢琴烤漆玻璃设计取代传统厚实的大理石材质，展现出如巧克力般丝滑质感的客厅主墙，正式为奢华却低调的设计定位揭开序幕。而专为这个个案设计的家具则有如魔法般地点亮整个视觉，也为这栋浓纤合度的大宅格局挥洒出时尚新古典的美感。设计总监何三泰说到，由于整个主墙面宽过长，加上与玄关形成遥相呼应的对称，因此，特别以量身设计的线板与镜面在玄关与客厅主墙侧做出大厅的双端景墙，搭配金色古典造型桌，与客厅的简约形成对比趣味。位于客厅后方的多功能书房，不仅给予客厅多层次的延伸感，同时将原本不对称的左右柱体加以修饰，化作书房的背墙，再利用点缀的华丽壁布与书柜层板等规划，成功地塑造出客厅的背墙视觉。至于餐厅则延续着客厅面的端景墙，以隐约闪色的黯咖啡色花样壁布作为餐厅主墙色，与对称的壁灯为餐区拉开盛宴的气氛，而墙面上古典造型镜除了提供装饰的效果外，日后若想改装电视或其他设备也相当容易，贴心地为屋主预留了未来弹性运用的空间。

1

1. 由电视主墙、端景墙至餐厅主墙横幅延伸的设计，为百坪宅第拉开壮阔序幕。

In the living room and the dining room,each droplight's brightness, the modelling, as well as must check strictly regarding the spatial decoration effect.

备受奢宠的设计，由外延伸入卧室内

餐厅内引人注目的陶瓷古典吊灯增加了用餐的隆重感，而装饰有金银箔的新古典风格餐桌、餐椅则为整个区域带来奢华的氛围，为了呼应整个华丽的空间美感，设计师特别将进入厨房的拉门改以香槟金色夹纱门片，透过厨房内的灯光照射，也能增添几许富丽质感。

延续着备受奢宠的空间气氛步入卧室区，在主卧室中以淡雅的银灰紫色床背板为主要视觉。虽然床头有梁柱问题，但因梁不大，设计师巧妙地以造型来化解，搭配造型素雅细致的床头板饰花，突显出古典婉约的质感。而床位右侧则配置有完整的起居机能，也展现出卧室的宽敞舒适。此外，为了避免卧房空间产生压迫感，除了采用宽板的浅色木地板搭配清爽的空间基调外，房间内量身订制的活动式家具、固定式橱柜等都采以悬吊式设计，利用不落地的家具让空间更具有延伸感。

SPACE
PLANNING 空间规划

坐落位置 | 台湾 . 桃园　建筑形式 | 顶级豪宅　空间坪数 | 126 坪　居住人口 | 夫妻及两小孩　室内格局 | 玄关 + 客厅 + 餐厅 + 书房 + 3 间大套房卧室（含卫浴更衣间）　使用建材 | 大理石、陶瓷吊灯、进口壁布、进口绒布、金银箔、皮革、钢琴烤漆、烤漆玻璃、铜条、进口五金、无毒低甲醛浮雕木地板及环保素材等

1	2 3 4

1. 内敛咖啡色壁布的奢华，搭配对称壁灯与餐桌主灯的辉映，更加衬托出餐厅古典迷人风采。2. 主卧室以银灰紫色调为质感，除了利用床背板的巧妙设计避开梁位，同时在宽敞的空间中规划出起居区，让生活机能更加完整。3. 男孩房采用黑色皮革床背设计，搭配咖啡色系的百叶布及布帘，突显出利落内敛的个性风格。4. 女孩房加高的绒布粉色床背板与花色主题壁布给予空间更舒适宽敞的视觉效果，而右侧也利用空间设置藕紫色的优雅阅读区。

CASE2　云端浪漫的奢美丽影

擅于色彩与古典气氛掌控的风动设计，在这个个案中撷取了新古典风格的稳重气度，再融入轻质色彩如米、金、银、咖啡色，以及闪亮动人的丝绒质感等元素，让新古典展现出有如漫步云端的浪漫感。

整体考量，让色彩与线条都展现完美

由于宽达百坪的室内，本身即具有豪宅的基本条件，因此在格局及动线上无须太大变动，设计团队将重点放在风格营造上，除了以色彩与家具线条为空间铺陈出美丽浪漫的画面外，其实整个个案的欣赏角度可以再拉近一点。设计师说明，新古典风格的设计相当重细节，整个大厅从入门玄关处即可发现以钢琴烤漆装饰的柱体转角处加嵌了细腻铜线，而这样的收边线条在电视主墙及空间多处都可见到，细腻却闪色的线条让简约的质感增加古典的精神。此外，因为空间的高度条件足够，所以特别在公共区域中加做了踢脚板设计，以实木染色做为装饰线条，同时将此线条延伸至艺术门斗、门框及餐厅主墙框等，使得原本轻飘的空间色彩在稳定线条的搭衬下更显现大宅气度。另一方面，踢脚板也具有整合门框高度的作用，原来，为了让空间挑高感更能突显，室内所有门框都挑高至屋顶、并加上艺术线板设计，改变一般门片呆板单调印象，增加艺术性与质感，同时踢脚板也恰可调整门板比例，使画面更协调至臻唯美。

SPACE PLANNING 空间规划

坐落位置 | 台湾．桃园　建筑形式 | 顶级豪宅　空间坪数 | 102 坪　居住人口 | 夫妻及一小孩　室内格局 | 玄关 + 客厅 + 餐厅 + 三间大套房卧室（含卫浴更衣间）　使用建材 | 大理石、吊灯、进口壁布、进口绒布、金箔、银箔、钢琴烤漆、烤漆玻璃、夹纱玻璃、铜条、进口五金、无毒低甲醛浮木雕地板及环保素材等

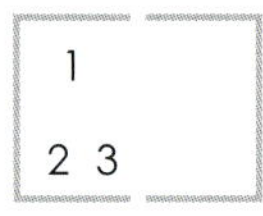

1. 柔美米白细致的家具线条是整个空间最引人入胜的设计，搭配顶级银绒闪色窗帘，更见浪漫效果。2. 由玄关通过金色玻璃柜与镶嵌细铜线的拱门造型后，即可进入餐厅，左右对称并拉至屋顶的卧室门与中段金色壁布装饰墙，搭衬出完整主墙面。3. 主卧室以边框式床头设计来避开压梁问题，同时将所有墙面以壁布铺陈增加空间温度，悬吊式柜体家具则让空间更轻盈。

ABOUT
STYLE 风格元素

1. 古典铜雕吊灯

一反豪宅与水晶灯的传统搭配，改以更具古典氛围的铜雕玻璃吊灯作为客厅与餐厅的主灯，让室内的典雅气氛再向上拉伸，同时与咖啡金色的空间主调更为契合。

2. 镶嵌铜线的古典线条装饰

在看得见实木纹的门框及装饰框上可以发现细细的铜线滚边，让整个视觉更具古典精神；此外，也与玄关装饰墙、餐厅主墙壁布及厨房夹纱门片等金色色块相呼应，让奢华的印象更为内敛。

3. 钢琴烤漆电视墙独有闪亮丝滑感

钢琴烤漆玻璃的材质给予空间大面积的丝滑柔亮感，有别于一般大理石的冷调质感，搭配下方大理石台面以及侧面实木染色的收边设计，一如整面巧克力墙，展现温暖与宠爱感。

1

2

3

名家经典 空间艺术瑰宝

Fabulous Space Art

放眼国内空间设计界，虽然时有震慑感官的作品出现，但真正达到艺术等级的创作并不多见。而风动设计正是以极致的细腻与艺术性定义空间，格外重视色彩搭配及素材的讲究，透过简洁的手法将背景简化而将内容、情感丰富化，避免过多固定式的元件压缩视野，释放现代传世大宅的非凡风采。

撰文｜林雅玲　摄影｜王基守　空间设计｜风动设计

CASE1 立足当代的空间艺术

深入观察现阶段的豪宅规划，开阔的格局、出类拔萃的尊荣气度已经是基本条件，尤其是风动设计一系列令人赞叹不已的空间作品，每个结构细节都巧夺天工，设计师何三泰掌握空间比例与精致度的独到眼光，开启空间艺术的崭新时代。

磅礴殿堂 气势引人神往

光影绚烂的设计令人目眩神迷，进入客厅，扇型开展的宽幅视野，将偏英式的新古典美学发挥到了极致。位于动线沿途建物原有的结构列柱，利用石材与编织皮革的精彩交融，化解了柱体的突兀与压迫，将缺点转化为空间独一无二的属性界定元素与立体层次。

全案虽然受限于建筑的原有高度，不过在设计者顺应梁柱走向，精心特制横向序列延展的天花造型，打造丰富的视觉层次与间接光，融入和谐的分割比例后，瞬间释放空间尺度，磅礴的气势不言而喻。整体室内面积达 200 坪，开放规划大器的客、餐厅，地面全数铺设天然大理石，加上玄关和休闲书房的机能设定，赋予公共空间完美延伸的视觉比例，而以咖啡、灰、金、银串连全宅的卓越色彩搭配，更烘托超乎想像的帝王气势，带来前所未有的深度震撼。

超凡入胜的情境逸界

DESIGNER NOTES

设计师档案

风动设计有限公司

格局、比例的掌控，是展现大宅应有气度的首要关键，其次才是材质的搭配与机能，强调生活涵养及纳入环保趋势，创造空间丰富层次，同时尽量避免过多华丽坠饰，以优雅尊贵的内在气质，为使用者营造一种极致礼遇的人生高度。

设计总监 | 何三泰

地址 | 台北市敦化南路一段 187 巷 9 号 7 楼

客厅以全幅天然石材打造的电视主墙，大块面的细腻纹理与局部银箔质感一体成形，高度诠释内敛奢华的艺术精髓，客、餐厅间隔着工艺繁复的几何订制腰柜分野，缤纷夺目的尊荣感，纳入十人以上规格的大型餐桌椅配置，尤其能烘托主人的非凡层次。餐桌上方黑、金相间的复数灯饰组合，完美解读低调尊贵的真正意涵，也让人深刻领略何谓美的感动。正对餐桌的巨幅银框大图输出创作，不仅是聚焦的视觉艺术，更妙的是它还是进入客浴的滑门设计，设计者搭配特殊进口五金，赋予这座美丽滑门轻盈的实用性，同时也巧妙避开浴室不对餐厅的风水禁忌。

用来划分餐厅与厨房的墙面造型尤其令人目不转睛，为了贯彻新古典大宅中不可或缺的对称布局，设计者精选来自意大利的立体花砖为主题，勾勒隔间墙中轴地带犹如钉扣的独特光泽与质感，双侧以反射玻璃、茶镜点缀优美喷砂线条施作的瑰丽对称造型，虽然只有左侧才是厨房的真正入口，但沉稳的空间感与满室的富丽光彩，在虚实交错的光影之间不断变换，令人流连忘返。

私密空间的规划为 3 房加起居室，一律采用全套房式的尊荣配置，洋溢古典气质的壁纸图腾与动人的珍珠光泽，凸显低调、内敛的奢华本质；男孩房则用优雅的个性化色系、表现富于自信与专属性的都会美学，每一个细节都不肯妥协地坚持，打造极致的工艺之美，见证当代豪宅的经典之作。

1	4
2 3	

1.餐桌上方黑、金相间的复数灯饰组合，展现数大便是美的气势，同时代言低调尊贵的真正意涵。
2.为了极力突显开阔的空间尺度，客、餐厅以长沙发和工艺繁复的几何订制腰柜低调分野。
3.沉稳色调的男孩房设计，有着人文气息。
4.主卧室内以古典壁纸图腾传递动人气质，低调内敛的布局手法中，掩不住舒适宜人的休憩气氛。

SPACE PLANNING
空间规划

座落位置 | 台湾．桃园
建筑形式 | 电梯华厦
空间坪数 | 室内坪数约 200 坪
格局规划 | 玄关、客厅、餐厅、起居室、书房、主卧室、次卧室、客房、佣人房、4 套卫浴
主要建材 | 多种大理石、吊灯、进口壁布、进口绒布、金银箔、皮革、镜面不锈钢、钢琴烤漆、烤漆玻璃、镜片喷砂、进口五金、无毒低甲醛浮雕地板及环保素材

CASE2 尊贵稀有 精工美学集大成

在这户稀有的新古典大宅中，风动设计技巧性灵活运用各种精神或材质元素，凸显出空间本质绝佳的视野与气度，整体由细腻的过人品位出发，透过大气的结构布局回馈无与伦比的精致感，充分展现设计者精准而敏锐的时尚嗅觉，也可以观察到为了引领当代美学极致而作的种种努力。

魅力环宇 不愿平凡的眼界

自成一格的独立玄关区两进式设计，精美的对开格子门适度交代内外的分野，地面使用多种天然石材菱格拼花的精致意象，引导着层次分明的行进动线，置身其间自然多了一份优越的专属感。过道右侧安排美仑美奂的衣帽间，间接光带辉映层架滚边琥珀镜的奢华肌理，在灯光下泛着低调的璀璨光泽，格外赏心悦目。

如果说拥有一座足以赞扬人生的堂皇大宅，是肯定、犒赏自己的最佳方式，那么风动设计就是最佳的品味舵手。眼前豁然开朗的公共空间叫人眼睛瞬间发亮，并列的客、餐厅内，极目所见皆是视野广度超乎想像的壮阔环境，让名家君临天下的气势油然而生。客厅内精心摆设纯手工订制的新古典家饰，对应四方立面圆融饱满的多层次装置艺术，温柔的光影轻盈却不喧宾夺主，将低调的魅力奢华诠释得入木三分。

The Neoclassic style once popular among the consumers on the top of pyramid have entered into intense competition. However the supposedly noble momentum, the unique and delicate texture, and irreplaceable artistic values of space, have become another competition stage for designers.

1	2 3

1. 气势壮阔的客厅区，电视主墙精选瑰丽石材丰富视觉感官，同时展现新古典大宅精工雕凿的艺术性。
2. 玄关旁附设衣帽间，地面使用多种天然石材菱格拼花，搭配精美的对开格子门适度交代内外。
3. 令人印象深刻的背墙设计，是结合沉稳的分割比例、新古典优雅图腾以及间接对称光源的精彩构思。

SPACE PLANNING
空间规划

座落位置 | 台湾. 桃园
建筑形式 | 电梯大厦
面积坪数 | 室内坪数约 160 坪
空间格局 | 玄关、客厅、餐厅、起居室、主卧室、男孩房、女孩房、客房、佣人房、5 套卫浴
主要建材 | 大理石、吊灯、进口壁布、进口绒布、金银箔、皮革、镜面不锈钢、钢琴烤漆、烤漆玻璃、镜片喷砂、进口五金、无毒低甲醛浮雕地板及环保素材

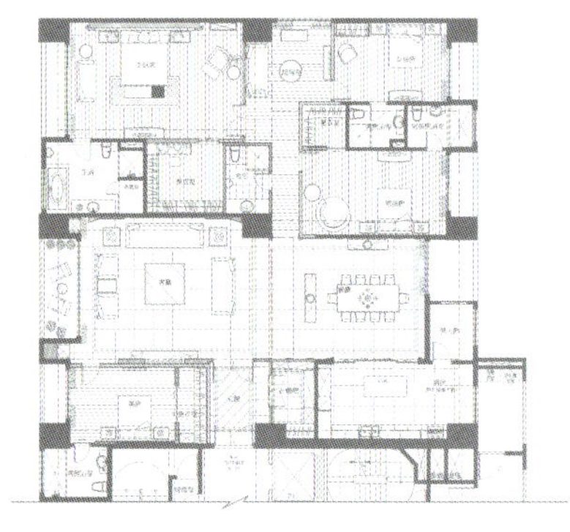

1 2
3 4

1. 客厅沙发背景墙中央以进口的立体花砖为主题，双侧则以玻璃点缀优美喷砂线条、间接光，表现精致瑰丽的对称美学。
2. 主卧室床头以巨大弧面银箔外框，烘托尊贵的缎面或珍珠光壁纸，以精工笔触彰显现代美学。
3. 主卧室床尾简洁的分割块面利落高贵，营造舒适的睡眠氛围。
4. 男孩房床头立面以英文字母装饰，诠释活力、时尚的个性主张。

为了避免实体隔间阻隔视线，利用家具来分隔客、餐厅的方式显得非常自然，恢弘的电视主墙精选温润的石材精工雕琢，将与生俱来的美丽纹理，融入利落的几何分割层次，创造独一无二的客制化艺术与无可挑剔的视觉美感。工笔细腻绝伦的沙发背景墙造型尤其令人赞叹，精算比例的墙体中央以来自意大利的立体花砖搭配石材镶边，对称的两边以弧形的银箔立面，温柔环抱浪漫的镜面喷砂线条并内衬灯光，让不可思议的瑰丽影像魅惑所有挑剔的眼睛，积极贯彻新古典大宅中不可或缺的对称布局与高度的美学造诣。

造诣功力 精湛画面无与伦比

随着窗外蔓延进来的绿意美景穿梭眼帘，动线随之进入相邻开放规划的餐厅区。在新古典风格空间中，适度的“框”与对称元素的运用非常关键。若要选择本案最生动的示范：餐厅新古典背墙结合分割比例、繁复优雅图腾以及间接对称光源的精彩构思，绝对是其中之一，透过背景画面与 10 人大餐桌的和谐氛围，让宾主尽欢的愉悦时刻有了新的体验方式。

拥有丰富美学涵养的设计师何三泰，对任何细节都不肯妥协地坚持。所有房间均采高规格礼遇的全套房配置，其中主卧室床头以巨大弧面银箔外框建构主体，框格内外分别使用尊贵的缎面或珍珠光壁纸，以精工笔触彰显现代美学，并营造高贵舒适的睡眠氛围。床尾简洁的分割块面后方，分别规划独立的更衣室及五件式卫浴设备，享受最开心的美丽时光。男孩房富于活泼的个性，床头立面以英文字母发想的活泼设计，辉映床畔随着晨昏变化的入户光线，素雅纯净的中性色调令人倍感放松。欣赏全案的每一个细节，透过设计者的创意与体贴，不仅近距离感受当代极致空间的美感实践，也让不断求新求变的人们，领略与众不同的人生高度与眼界。

Update Your Aesthetics Life

生活空间美学的人生进阶版

采访撰文 | Thomas　空间设计 | 常谷设计　摄影 | 深蓝 范宸雄

常谷设计擘划出大器的美学空间，潜移默化之下，业主的生活自然而然也气宇非凡起来，开启了全新的豪宅品味生活，迈入生活、生命的另一崭新阶段；而这样不着痕迹的生命进阶与升华，也是常谷设计最令人感动的实力与魅力——从细腻的空间规划形式下去影响业主的生活，让人彻底改变生命本质，显现无懈可击的晶莹光辉！

常谷

DESIGN
STUDIO
NOTE 设计档案

常谷室内设计事务所

从早期的汉风室内设计开始，设计总监郭沛沛对于美感总是有其独到的见解与过人之处，看似不经意的随性笔触，却往往出人意表地同时解决了空间的局限与美感的提升，顿时让生活空间直接升华成为充满独特魅力的设计品味。因此在每一次经手的成功案例之后，往往都与业主成为推心置腹的好友，也成为豪宅之间口碑相传的最佳设计师，纯熟白信、洗炼大器，常谷总是带给台湾室内设计领域超乎想像的全新领先风范。

设计总监 | 郭沛沛
地址 | 桃园市天祥三街 56 号 1 楼

当设计师与业主之间的默契达到毋须言语时，只要设计师走进一个空间，脑海中马上就会替业主规划一个无形的草图，哪里需要一个聚焦的灯光，哪里需要一扇遮掩的屏门，哪里需要一件展现品位的艺术品，哪里需要一道指引的线版……，那种彼此心灵默契的交流，最能全面且贴身地展现业主、设计师与空间三赢的成功局面，而更重要的是——业主能在这空间中惬意自在地生活、滋长。而这样的实例，就在常谷的本案中精准且动人地实现。

美学与机能并俱的精准度

受到业主的全权信任与委托，郭沛沛总监在本案中转以细腻婉约地替业主营造出一派非常具有美学光泽的生活场域，以高雅但不失气派的步履节奏，精致贴心地营造出一处处令人惊喜但又折服的设计挥洒。

入门的玄关两侧以直角婉转地转折出衣帽间与书房的切换领域，巧妙地借用一体成型的门板与壁板规划，充分地表现出气氛的整体一致性与合理性，一进门就有种大器但又内敛的低调奢华感。同时，拉出格局方正的客厅整体区域，相对于小巧的餐厅空间，这种非常具有东方虚实比例轻重的安排，就像是一曲低回的乐章在生活场域中流泻，蔓延着轻盈且缤纷的律动节奏，不仅是业主可以感受生活的重心所在，访客造访时更会惊艳空间中自然毫不扭捏的合理性与恰如其分的完整性。

大型的"冂"字型沙发以淡雅的绘图式花草图腾陈设，辉映着搭底的紫藕色沙发组与壁面的艺术画作，一股人文优雅的风华也在空中不经意地弥漫着。行文至此，似乎可以见到郭沛沛总监对于空间设计中的美学坚持与精准拿捏，彻底让原本单一无趣的制式格局，马上呈现出具有深厚美学的顶尖设计风范；更进一步地，在美学空间中也同时解决了书房、客厅与餐厅 3 个不同使用机能空间中，彼此各司其职的沉稳高雅气质。

1. 大器高雅的客厅中，紫色调的沙发组点缀出空间的浪漫气息，金箔的画作则是突显业主独一无二的艺术品位，庄重之中又不失自我的坚持。2. 仿若巴黎高级沙龙的餐厅摆饰，从中央天花黑色的水晶吊灯到地面藕红色的壁纸搭配新艺术风格的钟艺，在突显业主个人及高的生活品味与空间规划上贴心细腻的独到眼光。

常谷

Space filled with a unique aesthetic taste, designers and owners to achieve aesthetic and functional consensus.The shiny gold and silver highlights of the noble mansion, home space, everywhere, see art works present the perfect taste.

常谷

Looks like a heavy luxury colors, the bold color choice of waking to single out the space character and charm.In addition to the art into a rich texture and design beyond the temperament, while providing to the owner a reasonable and practical arrangements.

用色调铺陈设计的感官飨宴

在看似沉重的豪宅色调中，常谷设计却又非常大胆地选用醒色来挑出空间的个性与魅力，因此客厅中似乎四平八稳的深色系列中，郭沛沛却选用了银箔的反光效果提色，同时金色的金箔艺品、灯具和小几案，同样也都以金箔来点出豪宅的低调风格，更深层地让人感受到业主不凡的品味与低调不彰显的厚道人文情怀。

穿过中间的分界展示柜来到精致的餐厅，黑色的收纳展示柜陈列了许多顶级的水晶器皿，在主题式投射灯的照射下辉映出闪闪动人的迷人光晕；而中央矮柜的门板仿若是家徽的无尽线条成为最令人瞩目的焦点所在，搭配着玫瑰红的壁面图腾壁纸，一气呵成，捏塑仿若欧洲古堡中气质高尚的用餐环境；延续着这样的人文主轴，常谷将同一概念延伸至厨房与餐厅的分界玻璃门板上，突显出新艺术时期的简化图腾，共同呼应着彼此连结但又各自独立的艺术情调。而同样延续着客厅中有点古典但又带些休闲与现代的家具，在餐厅的家具选配上也同样展现了郭沛沛的独到见解，些许奢华的黑色水晶吊灯成为中间天花板的点睛主题，方形的长餐桌搭配着新古典线条的餐椅，同时在中间水晶灯与四周投射灯的主题层次变化中，渐渐堆叠出浓郁的典雅设计风格与生活情境。

1. 看似完整低调的餐厅中其实隐藏着常谷对于设计美学的精准掌握与成熟概念，同时兼具艺术与实用的双重生活规划，确实提供业主生活满足与提升无形价值。

SPACE PLANNING 空间规划　坐落位置｜桃园市中悦系列　建筑形式｜电梯大厦　家庭成员｜夫妻、小孩　空间坪数｜110 坪　格局规划｜客厅、餐厅、厨房、主卧室、书房、大女儿房、小女儿房　主要建材｜黑檀木、黑云石、茶玻璃、银箔、金箔

繁华盛开的生活居家大景

游走于常谷总监操刀的这个豪宅空间，从平面图上更可看出其纯熟的设计功力与空间配置的合理性和实用性，而这其实也是常谷一直以来的坚持，同时提供给业主的空间规划中，除了注入丰厚的艺术气质与设计质感之外，更重要的是绝对不会因此而牺牲了实用的合理性安排，甚至是更细腻地在理性的步调节奏之外，更超乎预期地增加了贴心且贴身的业主专属个性化设计，提升整体的空间成熟度。

所谓的新古典风格似乎是很多设计师的偏爱，然而，能够精准地拿捏适度调性的却不多。然而，常谷却在这领域上有着超乎水准的极上高标准之作。除了前面所见到的公共领域之外，在更贴身的寝卧空间中，以细腻专注的温润配置中突显了每一间个性化的专属设计。主卧强调的是大器但又带有高雅奢华的尊贵风格，然而懂得适可而止的收放尺度却让寝卧散发出淡雅的人文气息；同时规划了宽敞的男女主人更衣室，更予人崇高的尊贵私密生活享受。两间儿童房也可见到不同年龄需求的风格元素，一间强调机能与理性的完整规划，另一间设计风格独特。

于有形中显现无形，于无形中归纳技法，常谷设计总监并不刻意在空间中突显过多的自我本位，相反地，藉由业主的信任与委托，反而更能以朋友的角度与设计师的专业，更进一步深层地、完整地彻底实现业主全家人期待的梦幻居家品味，让生命获得更高品质的加值生活。

1 / 2 3 4

1. 主卧中特别凸显高贵的尊荣，独享品味，除了提供休憩的私人寝卧之外，同时也在大空间中散发着一股低调的美学风范。2. 小女儿房中以浪漫的步调洋溢着空间的氛围，粉色系的色调充满无限的想像空间。3. 大女儿房以理性洗炼的俐落线条让寝卧的空间中洁净，不再受到任何其他多加的装饰干扰徜徉梦境的美好。4. 以简约温馨的布置等待着负笈国外求学的小女儿归来，业主对子女的关怀之情溢于言表。

ABOUT
STYLE 风格元素

1. 格局方正的大器客室

对于豪宅而言，第一眼的客厅最能展现非凡的气势与个性化的专属尊贵品味，常谷恰如其分地让这空间精准地呈现业主尊荣风范。

2. 贴心细腻的完整机能规划

除了一般主卧拥有专属的独立更衣室之外，本案中也在大女儿房中规划了这个设计，更可以见到常谷总监对于业主全家人生活的了解与贴心设计，确实达到每一位成员的真实需求。

1

2

常谷

Preservation of the plants in construction, designs that didn't disturb the nature esthetics, the unity of both was the reason why to choose buying house here.

一户一花园 稀有尊贵

Move To Paradise

基于现代人崇尚休闲养生的时代趋势，特别是坐拥好山好水的郊区景观住宅，因为与大自然近距离互动的条件佳，自然也成为菁英族群购置第二、三屋甚至迁居的重要原由，本案正是以绝佳的环境条件，融入新古典奢华的精工艺术，打造一处适合长期驻留的人间天堂。

撰文｜林雅玲 空间设计暨图片提供｜居邑室内设计

1. 二楼楼地板边缘装设具穿透力的强化玻璃扶手，并规划为精巧的吧台休闲区。
2. 客厅电视主墙融合灯光、石材、木作雕刻、镜面喷砂、钢烤柜体等异材质元素，营造立面深浅有致的精美层次。
3. 客厅后端精美的壁炉造型两侧，装置内嵌的精品展示柜，时尚的镜面钢烤材质，焕发美丽光影。

DESIGNER NOTES
设计师档案

居邑室内设计

规划各类大宅经验丰富的居邑设计团队，向来以深厚的美学造诣与严谨而细致的工法著称，不仅透过各种空间布局、材质、家具配置的呈现，更擅长将贴近人文概念的新式风格语汇融入空间，以质感不凡的价值所在，提升空间的内在能量，创造出真正完美的生活场域。

设计师｜林志强 0936-348-348
地址｜台北县淡水镇民族路 10-3 号 3 楼

SPACE PLANNING
空间规划

座落位置｜台北 . 淡水
建筑形式｜楼中楼花园别墅
空间坪数｜约 95 坪
格局规划｜客厅、餐厅、休闲书房、餐厅
｜厨房、二楼吧台区、长辈房、书房
｜小孩房主卧室（含更衣间）
主要建材｜天然石材、明镜、黑镜、古典壁纸
｜不锈钢、超耐磨地板、玻璃扶手
｜镜面喷砂、进口砖

本案座落于一处户数精简的优质社区，格局非常独特的楼中楼别墅，每一户都拥有自家花园，羡煞一群亟欲逃离压力的城市住民。脚步由绿意盎然的花园小径踏进玄关，眼前光影缤纷的空间环境与壮阔的挑高客厅，成就美仑美奂的感官洗礼。而整体千锤百炼的立体线条，绝对是全案特色鲜明的风格元素，在新古典精雕细琢的架构中，包含了灵活的垂直动线与精确施作工艺，丰盈的殿堂之美令人目眩神迷。

奢华新古典 尊贵的名家风采

透过外面落地大窗的天光导引，视线自然而然进入开阔而挑高接近 6 米的客厅，洗炼而时尚的黑白对比映入眼帘，精美绝伦的空间质感对话着户外美景，室内外的隔阂不再明显界定，随时感受身心自在的伸展。大片观景窗藉着窗纱若隐若现的视野，生活的高度与眼界从此无穷宽广。客厅气势过人的主墙造型，可说是客厅区最重要的视觉焦点，其中以对称白色立体雕刻线条营造的和谐比例，上端微微的圆拱顶展现细腻的新古典风格，整座立面深浅有致的精美层次，融合了灯光、石材、木作雕刻、镜面喷砂、钢烤柜体等异材质元素，交织迷人的新奢华美感与视觉分割效果，而墙体中央局部镶嵌石材，反射多层次水晶吊灯与同样黑白对比的精美订制家具，让客厅的尊贵气质多了生动的时尚魅力。

呼应主墙的副墙设计，虽然没有挑高条件作支援，但以两端对称精品柜的剔透光感，烘托中央背衬优雅壁纸图腾的古典壁炉造型；手法相当内敛纯熟，兼具实用与装置艺术的设计概念，壁炉前以长书桌和黑色缇花长沙发稍作空间界定，打造开放书房的悠闲氛围。

1 2

1. 客厅沙发后方以华丽精美的古典壁炉造型为风格主题，开放又独立的空间感，传递浓浓的休闲风情。
2. 精彩的家具软件配置，为空间画龙点睛。

迷人光影 开放餐厨的写意氛围

餐厅与客厅开放比邻，光影缤纷的餐桌背墙，同时也是玄关进门后直行视线的远端焦点。设计师以晶亮的镜面喷砂图腾打造展示台面后衬背景，下端则以黑白图腾壁纸点出线条层次，两侧对称的石材立面则以精致的双色镜带导角、滚边，点缀两盏古典壁灯增加情境美感，餐厨间机能彼此连贯的人性化布局，深邃延展的景深带动室内循环的视野，让人深刻感受置身其间的丰富生活趣味。

摆设可容纳多人同时用餐的长餐桌与特制不锈钢圆背新古典餐椅的餐厅里，隔着一座天然石材打造的双层餐台与宽敞中岛厨房相邻，可以近距离欣赏后院美景的厨房料理区，拥有名家精工打造的百万级料理配备，包括顶级精制厨具、人性化的中岛餐台以及强大的环绕式工作区机能，提供随心所欲的烹调乐趣，和过去总被归类为次级空间的传统厨房规格相比，简直有天壤之别，不仅表现专属的个性品位，更是享受家居生活的最佳方式。

仔细观察全案在公共空间各处天、地、壁之间的分割比例，不难发现不同天花造型间工笔细腻的细节处理，虽然只是层叠排列的水平线条，却能贴切地表现空间雕塑一般的立体美感，显见施作工艺上的要求与精湛，神奇地串连全宅深浅有致的结构力道。

The interior design starts when the house is on pre-sale stage. Thus, the strength of adjusting the partition and moving route in the beginning portrays the expected brand new style.

1 2	3

1. 公共空间顺应交错的梁向，精心打造出立体感十足的分区天花造型，巧妙界定空间属性。
2. 美仑美奂的餐厅背景墙以晶亮的镜面喷砂图腾，呼应下端黑白图腾壁纸点出线条层次。
3. 光影缤纷的餐厅区，隔着较高的双层石材餐台与厨房相邻，亲密的互动性让生活更富情趣。

各自精彩的休憩时光

公共空间的精彩，如果已经让人悠然神往，那么设计师对于个人休憩空间的经营，想必更让人赞叹不已。例如厨房旁以不锈钢边框镶上镜面喷砂玻璃滑门界定的长辈房，大片雕花镜墙反射餐厨区洒落的光影，让人产生不是入口而是墙面造型的错觉。室内经由落地窗漫入的天然光，在美丽的寝饰上留下斑驳痕迹，轻松的休闲感油然而生，典雅富丽的床头造型是优雅图腾的整合，包括床座背板柔软的植绒绷布、两侧镜面雕花喷砂以及中央后方透光的壁纸立面，营造迷人的视觉享受。

二楼准备更多家人专属的私密空间，首先在上楼梯口旁可以俯瞰客厅的位置，隔着清透的玻璃扶手规划一方小巧吧台区，作为家人闲聊互动的亲密平台。正对梯口的书房兼客房以具视觉穿透力的白色格子拉门隔间，扩展梯口处动线交会所需的缓冲空间，书房内除了实用的阅读区与舒适卧榻，还精心规划局部架高地板取代占空间的床座，增加使用上的复合弹性。摆设双床的小孩房以淡雅柔和的大地色系定位空间感；靠窗明亮处安排阅读区，床头内缩的展示格内贴明镜，透过局部镜面的反射让视觉有延伸性，显现不同以往的尊荣尺度。

汇聚低调奢华气质与现代美学的主卧室；睡眠区、阅读区、更衣间、浴室等四进式的机能配置，具体传递优雅的生活品质，沉稳的床头造型以实木钢烤边框诠释立体感，中央柔美的壁纸纹理，则在侧光的烘托下展现非凡质感。床侧安排专属阅读区，以雏菊绷布为底图的背墙端景，两侧纳入展示机能，强调整体洗炼的线条分割。专属的更衣间设计尤其精彩，一色纯白的雅致空间中，包含精品中岛等多样化的收纳设计，满足使用者放置大量衣物的需求，一旁紧临主人们最喜爱的顶级浴室设计，全数采进口砖材精心打造，见证历久弥新的尊荣品味，也成功地打造独步的优越居家风格。

1
2 3

1. 优雅的主卧室在床侧安排专属阅读区，对称的背墙设计，两侧纳入展示机能与洗炼的线条分割。
2. 小孩房靠窗明亮处安排阅读区，床头内缩的展示格内贴明镜，透过局部镜面的反射让视觉有延伸性。
3. 书房内精心规划局部架高地板取代占空间的床座，增加使用上的复合弹性。

01 挑高电视主墙彰显气势

↑气势挑高的电视主墙采用简洁、古典线条塑造，和谐的分割比例与多媒材的运用，突显公共空间的不凡豪宅风格，加上局部穿插银狐大理石表现简约，镜面喷砂反射缤纷光影，营造深刻视觉印象。

02 以家具作为空间界定元素

↑挑高客厅后方没有挑高的区块设定为多功能的休闲空间，设计师以华丽精美的古典壁炉造型塑出浓浓的休闲感，配合梁柱的走向以及家具来划分空间属性，也让公共空间更富于层次与景深。

03 复合媒材勾勒时尚品味

←不锈钢与家具钢烤都算是相当现代的装置元素，设计师在本案中除了大量运用金属构件、加工玻璃等现代语汇，也使用了多样化的古典线条、古典图腾以及色彩对比，在风格混搭的基础上，展现新古典进化后的细致文艺气息。

Modern V.S Classical 中西兼备 现代与古典的融合

由艺术当中衍生出生活应当有的线条及态度。设计，呼应了现代的俐落及古典的雍雅，其中精致细腻的风格精神，透过简单线条、灯具的形式，表现了自然、简约、纯粹却丰富的有机曲线，就如铸溶东西方风格设计一样，低调，但是奢华。

采访撰文 | Joanna　图片提供暨空间设计 | 大祈国际设计事务所

DESIGN STUDIO NOTE 设计档案

大祈国际设计事务所

主持设计 | 彭雅静

地址 | 新竹县竹北市成功八路 285 号 1 楼

Bold color, arrangement fashionable and classical romantic. The designer conforms to the combination which from the original furniture choice the East and West style has both. Collects by the kitchenware orange color bracelet, sofa by natural red, classical romantic and modern fashion contrast complete and explicit performance.

面对家中成员的高龄，其宏观的气度及观感，大祈设计团队藉由东西方风格优点的兼具，将男女主人各自表述的喜爱，透过现代与古典因子融合表现在线条语汇里。从既有的家具里延伸出融汇美学，立面的发想、线条、颜色的出落，都在牵系着人文精神的舒发及空间的美好姿态。

光影层次 引领空间大器尺度

由于男女主人喜好的风格各自不同，如何将现代时尚的鲜明俐落与古典精致的辉煌繁复融合一气，同时还能保有空间大方的尺度，总监以贯有的细腻、重视人文精神及强调衍生出生活的艺术美感作为设计的基调，在现代与古典当中，如何规划而不至于偏颇，光影制成的中介因子，成为古典语汇的主题表情。

整个空间藉由线条的单纯、不繁复，作为现代精神的表述，比例关系的铺排、立面的延伸，从材质而至于颜色引导着现代风格的营造。线板，析透着古典的优雅，以其单纯而立体的效果，不仅延展着公共与私密空间的起承转合、起落于四处的视线，同时也成为区分空间层次的重要工具，简单的比例，静缓地表现古典雅致的细腻。

大祈设计团队以不同造型的灯饰来强调光影层次的规划。线条在俐落概念当中延伸，而要承袭古典繁复的细致，则从各个区域或介面的关系里，加强灯饰的造型及线条的刻画，成为古典元件的主题表现，灯具营造的层次感，也同时成为休憩空间情氛主题，如此的巧思，让场域变得轻盈、丰富、有趣。除却传统赋予的视觉元素，

SPACE
PLANNING 空间规划

坐落位置|新竹市　建筑形式|电梯华厦　空间坪数|室内约 50 坪　居住人口|夫妻、母亲　室内格局| 3 房 2 厅　主要建材|壁纸、木皮、石材、柚木地板

1. 天花以简单的线条掩饰原建物的梁柱，减缓压迫感。2. 客厅以古典线条的既有家具作铺排，利用其大胆而具东方意涵的红色魅力，为深浅颜色为主的空间里，带来强烈的视觉感受。

The passing through the gate cabinet design, from the color guidance space's calm feeling, the decorative lighting which, the simple line in the use inlays, continues to the dining room region, plans the extensibility, by the solid wooden color's depth, guides to belong to East's texture.

1 3
2

1. 餐厅区域以别于自玄关延伸入内深色沉稳的彩度，改以清浅色系为背景，展示空间以内嵌的手法安排，消弭与储藏空间的介面关系。2. 亮橘色的厨具柜体与客厅暗红色的沙发椅相互应对，成就时尚与古典融洽而协调的亲密互动关系。3. 主卧以中式的罗汉床、融合古典线条的桌椅，铺述宁静优雅的卧眠氛围。

开放规划 主导通透延续关系

就一个空间以开放的方式来解释，创意的极致发挥及生活者的理想境地。大祈设计团队强调，设计以开阔敞朗的表情，引起居住者的共鸣，勿需复杂化，依着居住者的生活特质释放更多的机能使用空间，重新规划的意义，是获得无限可能的开始，利用单一的元素包含并结合所有存在元素，方是细腻精致的空间表现。

场域的铺排与规划透过整体装置艺术的呈现如订制家具、软件配置、灯饰设计、家饰布及画作的铺排……更能将设计的精髓与意涵清楚而深刻的表达出来，意味着风格、潮流、时尚或当代的审美态度，捕捉到人文温度的传递与艺术美学的实践，空间的价值与意义，逐渐具体而成形。

在 50 多坪室内面积的规划里，多以开放方式表现，通透之余，场域里的空灵表情，预留不少未来的加值空间，维持空间的开阔、自然或间接光影的通透，让空间的层次更加丰富。为了让空间增加层次的变化，玄关鞋柜拉宽延伸到餐厅区域的立面设计，将视角的印象伸展开来，深色纹理的木作材质，藉由单纯立体的线条、内嵌的灯饰，发展出独树一格的古典意涵，同时隐匿着东方内敛的优雅。

鲜亮色彩 擘画全室新旧融洽意象

色彩的深浅张力里，蕴含着让人舒压的视觉魅力，藉由搭配得宜的对比彩度，将空间感放大，更重要的是将内敛及包容的空间特质一一陈述出来，更摒弁传统的介面规划，延续视野的精彩度，客厅与餐、厨之间以开放式的规划，运用比例、颜色的修饰、天花作线条及区块感的延伸表现，成为二者区域之间隐匿的界定因子，也为开放空间的视野开阔度丰富不少。

客厅区域以古典线条的既有家具作铺排，利用其大胆而具东方意涵的红色魅力，在以深浅颜色为主的空间里，带来强烈的视觉感受，再搭配 TV 主墙壁纸的背景效果及间接光源的安排，公共区域大器而沉稳的表情，立刻展现开来。

餐厅区域以别于自玄关延伸入内深色沉稳的彩度，改以清浅色系为背景，展示空间以内嵌的手法安排，消弭与储藏空间的介面关系，线条典雅的桌椅，与俐落的线面，各有旨趣。厨具柜体以亮橘色，大胆的联系着与公共空间的开放尺度，意外的与客厅暗红色的沙发椅相互应对，成就了时尚与古典融洽而协调的亲密互动。

大祈设计团队藉由色彩的搭配、材质的挑选、格局及动线的有效安排、机能的延展，营造更为开阔的视觉感受，成就影响空间大方尺度的主题表现。透过深色的稳健、鲜亮彩度的厨柜、东方红的家具作为立面延展及扩张的效果，在新旧语汇当中，以流畅的动线擘画出视觉的焦点。

简单线条 凝聚现代、古典魅力

在单纯造型线板的墙面衍生出细致的丰华，大祈设计团队采用实木材质，不仅兼具美感与流线动能感，强调精致手工的设计精神，以材质及颜色来展现空间应有的开阔及现代的俐落氛围，经由流畅的动线规划及空间穿透感的营造，连系区域之间的互动，提供给使用者一种全新的生活体验，无疑又丰富了空间转化的层次。

私密空间以线条感俐落的壁纸诠释长辈房的主要背景，以对称且具古典意象壁灯成为主墙的主角，轻缓的陈述细腻的优雅氛围。主卧以中式的罗汉床、融合古典线条的桌椅，以不同形式、造型的灯具，解析典雅的意涵。设计者强调场域当中精致细腻精神的呈现藉由灯具的线条及姿态而衍生出来。

由内而外，将现代与古典的精神意象揭注于室内当中，由外而内的形塑，营造场域内敛而丰富的表情，希望集合东西方设计创意的优点，试着去创造一种新的风格，形塑出属于居住者的地景艺术，强调以人为本的概念，兼具功能及美学艺术的生活理念，优雅、简约、纯粹。

1 2

1. 将场域当中精致细腻精神的呈现 ,藉由灯具的线条及姿态衍生出来。
2. 以线条感俐落的壁纸成为表现长辈房的主要背景，以对称且具古典意象壁灯成为主墙的主角。

1

2

ABOUT
STYLE 风格元素

1. 灯具，强调光影并列的构组效果

藉由各式不同的灯具安排，是设计者表现东西风格共生的主要因子。借用家具及线条的条件与特色，再植入与风格精神相互呼应的灯饰。以其造型及形式发散出来的光晕，表现出古典意蕴的条件、纹理，作为整个空间设计的主轴，形塑出环抱现代与古典意象的空间氛围。

2. 介面，延续通透而内敛的大器

自玄关开始的柜体设计，由深色的彩度主导沉稳的空间意象，利用嵌入的灯饰、单纯的线条，介面的规划延续至餐厅区域，形构出大气的尺度，间接由木作颜色的深浅，引导出属于东方特有的花色纹理，轻轻拢上潮流，或时尚或仅仅是风格，紧密连接着居住者专属的审美概念与生活态度。

3. 彩度，兼并东西方的沉静典雅

从大胆的颜色里，感触东西相融的时尚古典的浪漫意象。

设计者将男女主人喜爱的风格融合，从既有的家具里挑选符合东西兼备符码的组合。由厨具亮橘色系的鲜明跳脱沉稳内敛的意涵，客厅沙发组以象征东方红的色系表现，巧妙地凝聚东西风格渐进的优点，同时将古典的浪漫及现代时尚的对比完整而明确地捕捉到精髓所在。

3

Own Excellent View

绝色山海 收藏人间美墅

如果不是亲临现场，被清凉、带着微甜的风迎面吹拂着，很难想像就在繁华的城市近郊，居然还能这么奢侈地独享这绝色山海丰饶的馈赠。这处座落青翠的山峦之间，由 IS 设计经过整体审慎评估、精工改造，并于近期完成的景观别墅新作，集结了设计师陈嘉鸿对于使用者个性的细腻描述与精确掌握喜好，适度融入空间机能布局的卓越见解，加上遍布各个结构立面；一贯千锤百炼的线条美学，共同见证当代时尚趋势的软装艺术精华，汇聚成这处堪称人间美墅的精彩佳作，再一次让观赏者深刻感受到：原来美好可以升华到这等境界。

采访撰文|林雅玲　空间设计暨图片提供|西点 IS 空间设计

DESIGN STUDIO NOTE 设计档案

西点 IS 空间设计

设计师|陈嘉鸿　1965 生于台湾，1985 复兴工专机械科毕，1996 优识企划成立，1997 IS 室内设计成立迄今

地址｜台北市松山区民生东路五段 274 号

一直非常欣赏IS设计拿手的精品风格，尤其是近年来开始尝试各种不同的风格路线，更让观察许久的屋主，对自己未来养生、渡假专用的新家规划，除了IS设计不做第二人选。对懂得生活的主人来说，拥有圆满的家庭和成功的事业，是努力必然的成果却并非人生的全部，而拥有一栋足以显耀人生价值的好房子，才能真实地犒赏自己多年来的辛苦付出。期待闲暇之余；可以领着家人或三五好友到自己家里享受一下久违的大自然，在丰美的绿意与芬多精里放松身心，那种惬意，绝对比舟车劳顿，大老远虚掷时间、金钱出国渡假要来得更舒适、满足。

转折的建筑条件 美感格外深邃

由雅致的自家小花园走上几阶后踏进玄关，丰盈的殿堂之美令人屏气凝神。

如同两臂张开；依序伸展的白色勾缝线条，对应上方天际线边框多层次的扎实力道，虽然只是层叠排列的水平线条，却能细腻表现空间雕塑一般的立体美感，不能想见工艺上的要求与精湛。地面光润的石材拼花，呼应正面铁灰丝绒的绷布造型，以交代独立的区域性，左手边摩登的茶镜墙面，内部其实是实用的鞋柜收纳，镜墙两边分别安排隐藏式储藏间，以及石材打造的精美客厕，光是一个玄关区，就涵盖了难以计算的巧思与用心，就不难想见进入主要公共空间时，可能发生的种种惊艳。

沿着地材拼花与精美的天花造型前进，左侧外推的观景窗透过轻盈的白纱，隐约可见随风摇曳的行道树与明媚天光，窗前摆设两张名家设计的导演椅，俨然就是一方舒适的休闲情境。家用电梯与手扶梯前，动线交会的过道区域十分开阔，多变的情境灯光暗示着空间属性的转换，隔着黑色石材特制的展示平台，视野可毫无阻碍地遍览整个厅区，甚至延伸至巨型落地窗外无穷远的深邃视野，独门独院；伴随多窗几乎面面采光的先天优势，说起来只是这栋房子好条件之一，而顺应坡度产生的数阶楼地板落差，造就阶段性楼面交错的趣味，更让挑高7米以上的大气客厅，激荡出难以言喻的非凡气势。

SPACE PLANNING 空间规划

座落位置 | 台北 . 淡水　建筑形式 | 独栋电梯别墅　空间坪数 | 约150坪　室内格局 | 三房两厅、视听室、休闲区　使用建材 | 多种天然石材、黑檀木皮、木作喷漆、进口皮革、义大利进口砖、灰镜、茶镜

IS Design has been aiming at achieving exquisite works and searching better solution. The interaction between materials and diverse lighting can be seen in the space, even in an inconspicuous corner.

1. 自二楼挑高的视野鸟瞰客厅区，开阔且深邃的新古典风情格外引人入胜。2. 虽然是较为次要的走道空间，然而举凡精致的石材滚边、分区天花造型的细腻刻划等，这些细节反而更能看出设计者的用心。3. 精心配置的订制家具与名家设计款单品，对应副墙精美绝伦的实用壁炉设计，勾勒一幅无可挑剔的居家风景。

It is obvious that consumptions lead trends in our society because of the increasing material desires. In the fast-changing society, everything may change to a brand new form in next second.

1
2 3

1. 气宇非凡的餐厅安排于 B1，隔着收纳腰柜区隔扶梯动线，壮丽的石材立面倒影在大片镜墙中，折射出倍数的气度与美感。2. 副墙以中央石材壁炉搭配两边对称精品柜；兼具实用与装置艺术。3. 为了让餐厅招待宾客的机能更富弹性，一应俱全的厨房工作区因此为开放式规划。

时尚新古典 引领当代美学

前后呼应的双主墙创意，可说是客厅区最重要的视觉焦点。其中顶天而立的电视主墙，以对称的白色立体雕刻线条，刻划出绝佳的视觉分割比例，将所有视听管线集中至墙体右侧深色视听机柜中的技巧，造就主墙简洁俐落的立面效果，中央局部镶嵌茶镜面，反射多层次的黑色玻璃水晶吊灯，更让客厅的气氛多了些神秘的尊贵感。

对应的副墙虽然没有挑高的条件，但因两端对称精品柜的美仑美奂，颇有自成一格的优越，再加上设计者融入了中央石材壁炉；兼具实用与装置艺术的造型概念，彷彿空气中立刻有股暖流滑过心底，也为两端的比重取得最佳平衡。等量齐观、同样出色的还有厅内精选的名品家饰配置，包括二、三人座深紫色丝绒钉扣扇贝扶手订制沙发，混搭两张银背织锦单椅、摆设于壁炉旁舒适的 Vanguard 主人椅等，优美的体态让本身就像是艺术品，当然也使色阶鲜润的空间感尤为层次分明。

气质奢华却十分低调的餐厅安排于 B1，一整面包框镜墙反射水晶灯饰撒落的光影，不仅为餐叙气氛加分，更显出一旁石材背景墙的润泽质地与天然肌理。为了让餐厅招待宾客的机能更富弹性，一应俱全的厨房工作区就在比邻，宽敞空间的另一侧，甚至还预备了超大视听间、KTV 等娱乐设施，让使用者在生活中倍增情趣。

The building merges ruminated new classical art with famous design furniture, diverse living functions and entertainment facilities. The precise proportion of the design creates a brand new image for the space.

精雕细琢的私密殿堂

公共空间的精彩，如果已经让人悠然神往，那么设计师对于个人私密空间的经营，想必更让人叹为观止。例如二楼的女孩房，三进式的机能配置；包含备极舒适的专属卫浴、床尾大面落地开窗的雍容睡眠区、穿过精品展示柜后的阅读区和整体塑型的长列收纳衣柜等等，完全显现出传世大宅应有的尊荣尺度。室内精致唯美的软件搭配，巧妙与白色层次造型天花相互辉映，不只雕琢前后一致的设计感，也成功地延续顶级饭店般迷人的渡假风情。整层三楼全数规划成气派主卧区。床头洗练的线条分割，格外能衬托皮革面的稀有质感，床尾原有的建物开窗，为了不让不当的光线影响睡眠品质，特别装置对开拉门调节天然光，并作为视听柜背景。房间一隅拥有两面落地观景窗，光是摆上一几两椅，就能慢慢品尝这赏心悦目的风情画，尽情享受最棒的休闲时光。除此之外，主卧专属的更衣间内安排多样化的收纳设计，俐落的笔触彻底满足使用者的各种需求，尤其是花岗岩精心打造的极致主浴空间，见证在时尚之外历久弥新的个性品味，欣赏此案，无数的创意结合了自信，藉着敏锐而丰富的架构逻辑，驱策各种不同元素的灵活搭配，以展现过人的细腻。换句话说，IS 国际设计整合长久以来造就无数豪宅的宏观视野，将空间的可塑性，扩张到富丽堂皇之外的境界，其间千锤百炼的美学实践；落实豪宅再进化的大无限。

1
2
3

1. 主卧区的规划设计，有着气派、沉稳的奢华感。2. 主卧角落的观景休闲区设计，透过两面一览无遗的大落地窗，壮丽的山海美景尽收眼底。3. 优雅动人的女孩房，拥有不输主卧的机能格局与空间美感，沉静悠远的气质，展现足以沉淀心绪的丰厚能量。

1

ABOUT
STYLE 风格元素

1. 多元材质的灵活运用

整个设计中材质的灵活搭配，让空间的点线面，举手投足间尽是备受注目的视觉焦点，涵盖数十种以上的天然石材，不同的纹理、色彩，却丝毫不减独特的品味与设计感，酝酿空间中不停变换的迷人景致，加上局部点缀灰镜、茶镜等折射度高的元素以及奢华的皮革、织品，整体施工品质的完成度与精致度，绝对是当代豪宅的经典示范。

2. 水平线条精确层叠的立体天花造型

千锤百炼的立体线条，可说是全案中相当具特色的风格元素。看似简单的水平延展，却包含了令人吃惊的精确计算与施作工艺，如果仔细观察天、地、壁之间的分割比例，就会发现工笔细腻的白色线条，神奇地串连全宅深浅有致的结构力道。

2

DESIGN STUDIO NOTE 设计档案

远硕室内设计

设计经理 | 康铭华　地址 | 桃园市县府路 256 巷 5 弄 8 号

设计理念 | 在发挥设计创意的同时，远硕更尊重使用人的需求和感受。详细沟通图片背后的心意是在追求更好生活品质的同时，同样地也能珍惜仅有的地球资源，为下一代更美好的可能环境尽一份心力，也表达远硕对于自然万物的谦卑与敬意。希望透过专业细腻且贴心的量身设计与服务，将每一个生活的深刻轨迹烙印于生活场景之中。

Elegant Aesthetic of Life

采访撰文 | Jimmy
空间设计暨图片提供 | 远硕室内设计

大藏内韵的美学风华

美学的涵养是灌溉生命滋长的重要养分，而空间中的设计感更是自然而然，彷彿于生活中的呼吸芬芳，深远地影响着每一天的起居节奏。由于业主本身具有深厚的国际观与个人美感体验，因此远硕将此一特性发挥得淋漓尽致，从每一个细节中要求整体的完整性，从大方向的轴面中又充分地展现美感的设计哲理。于是乎，我们见到个案中深邃、深厚但又似乎轻描淡写的优雅人文风华，浓郁高雅教养下的具体空间语汇。

SPACE PLANNING 空间规划

座落位置 | 桃园中坜市　空间性质 | 豪宅大楼　面积坪数 | 80坪　主要建材 | 线版、进口壁纸、画框线版、大理石、烤漆

对于远硕而言，居家空间的擘划不仅是提供生活场景的布置表现，更进一步地是将业主的品味于空间的特色中尽情展现，让空间同时呈现出业主个性化的设计美学与合宜于空间的生活节奏。本案中，远硕不仅克服了空间建筑狭长的特性，反而藉用这一特点让业主的生活情境显得更有层次感与节奏感，错落进退的音符般空间格局，提供真实生活中宛若悠扬乐章的律动音符。

繁花似锦的笔触延续

远硕的设计经理康铭华说："在这个个案中，我们仿佛和业主一同经历了一场欧洲深度的经典人文设计美学之旅。由于业主本身长年于国内外旅行，因此在居家空间的整体轴向与细腻的物件搭配选择细节上，都有自己非常成熟的看法与见解，然而，由于工作与私人的因素，在与我们讨论完整体的设计概念与规划之后，业主就出国了，全权非常放心且信任地将屋子交给我们，中途只利用 E-mail 与电话联系其他的细节与事务。虽然采用这样的执行模式，但是由于业主对于细节的要求与我们的理念不谋而合，很多部份其实都拥有高度的合作默契，因此最后的成果不仅业主非常满意，对我们而言也是一次非常难得的经验。"

在这个完成度非常高的个案中，其实每一个区域和角落的风格都非常精准到位，不管是大区域的整体概念呈现或者是转折的细腻端景，从材质的选择到家具家饰品的配置，虽然整体的装修工程花费了半年的时间，然而，由于业主自身要求相当高，因此最后家具家饰品的配置上却花了快一年，这中间的过程除了累积了业主与这空间之间的互动与情感之外，更可见到业主对于任何一个细节都不妥协的完美态度。

1 | 2 3

1. 带点剧场性的主题是空间配置，营造出充满典雅气质的家居焦点与情境，让业主在自然而然的空间情境中享乐典雅的设计风华。2. 小巧的玄关借用大理石与镜面的反射，搭配白色的线版反而呈现出一股高雅明亮的宽敞效果，墙壁镜面也成为修饰灯箱的最佳设计。3. 大面积的客厅，落地式开窗迎入了充溢的光线，不仅可以远眺户外的美景，更提供大器客厅中的高雅氛围。

古典轴线中的当代白色情怀

现代的居家建筑体中表现出不同的格局与设计，而在本案中由于客厅与餐厅的轴线较为偏长，因此在区域的分界上显得非常重要，稍不小心就容易让生活的场景变得过于狭长。因此在本案中，远硕特别将古典的元素注入在空间的主体里，除了具有美学的情境氛围情调之外，同样地也藉由古典的元素如线版、家具、灯饰来分界不同的机能区域，并修饰空间的机能性与设计感。

入口的玄关空间并不大，但是藉由明亮的大理石地板与墙壁镜面的折射，轻巧地让小空间变得具有深度与透视感，而散发古典气息的玄关桌在明亮的白色主体色调烘托下，非但没有古典沉重的浓郁感，反而散发出一股淡雅内敛的视觉意象。

延续着白色的天花板古典线板入内，马上映入眼帘的即是充满延展性的客厅与餐厅。在这个狭长的开敞式一体空间中，远硕借用天花板的古典线版巧妙地分界了客厅、餐厅和小廊的转折地带，同时也藉用线版包覆了建筑体的横梁，修饰掉原本的缺憾，反而更添增了欧式人文古典的高雅风格。而渐层的线版堆叠出典雅的重复性，反而焠炼出一股当代实体建筑中的欧式情调，焕发出一股令人感受发自内心钦羡的人文风范。

Full-level design and classical sense of the humanistic style, showing a designer to fully understand that the owners demand for living space proposal.

3
1
2

1. 客餐厅连成一体的长型量体空间中，设计师巧妙地借用天花板线版的区隔，分界不同使用机能的场域，同时也聪慧地借用古典线版修饰建筑体的横梁。2. 宽敞的居家情境提供毫不扭捏的畅意自在起居，看似统一的白色空间中借用灯光的主题式投射产生了高低焦点的动人旋律。3. 洋溢着洛可可装饰意味的餐桌椅呼应着天花板的古典线版与水晶吊灯，一旁壁面的中式挂画更再次加强了空间古典的芬芳。

Each scene is presented in full communication of the precise taste and style of life.

精选家具家饰勾勒生活情境

欧式经典美学设计生活情境里，带有洛可可的风格情境呼应着中式的画作，看似冲突的对比却在真实的生活场景中，有着超乎想像的融合。由于业主多年来在国内外旅行商务，而本身对于美学的涵养深厚，因此也从世界各地选购了许多不同的收藏精品与艺术珍品，所以在本案中远硕就将这些艺术品巧妙地配置于空间中 ，自然地散发出一股历史人文光泽，更彼此共同演奏出一曲生活中的悠扬乐章。

客餐厅的主题性定位于欧式的经典风华，选用了大型的洛可可式沙发组展现沉稳的主题性，在方体的空间中产生聚焦的视觉感；延续着不变的基调至餐厅中，大小合宜的西式长型餐桌提供了业主平常家人用餐，甚至是举办温馨的多人聚会，宽敞的联结式客餐厅正好提供每位来宾舒适适切的所需。而远硕将公共场域与私人的寝卧又区分的非常完美，低调而不张扬，在餐厅的端景壁面上设计两侧的开门，一侧可转折进入厨房，另一侧则是女儿房的入口，清楚地分界出公司之间的生活领域。

在主卧的空间中，设计师精选了德国进口的典雅壁纸布置出休憩安稳的好眠梦境，带点浪漫情愫的紫藕色调展现了寝卧素华的低调品味；女儿房则是以公主的天真童话风情来铺陈，营造充满无限想像力的设计元素；另外的书房则是展现了仿若英式乡村高级俱乐部般的高级温文儒雅风范，直线条的壁纸呼应美伦经典的人文教养自信。

1
2
3

1. 主卧的空间以素华简单的高雅氛围展现舒眠的美好梦呓，紫藕色的浪漫情怀勾勒出甜美梦境的旅程。2. 书房的设计以英式古典的沉稳色系搭配窗边小憩的座位区，是一畔可以静心沉浸书海的梦游天堂。3. 女儿房以充满甜蜜童话的浪漫绮丽风情，营造无限想像的创造力与梦境。

ABOUT
STYLE 风格元素

1. 古典与当代的交锋

天花板充满层次的古典线版，仿佛画框般地分界不同场域与机能的使用语言，长型的客餐厅提供业主居家 Party 时的宽敞情境。

2. 美学与机能的兼具

主卧室墙面背版的一侧设计成独立的卫浴空间，隐密性的设计提供真实生活的高度使用机能。

3. 宽敞充足的空间飨宴

充满层次感的客餐厅情景，展现了设计师高度成熟的空间擘划手法，纯熟自信的空间分界提供业主生活上轻盈的节奏感。

Purely Graceful 雍雅纯粹 新古典的极致丰华

研棠设计团队以新式都会新古典的清浅优雅与细致风格为主流，阐述都会人士高贵而具时尚的生活品味，并透过精致细腻的订制家具，共同呈现古典的低调华丽与清新的雍雅，体现舍弃繁复线条及夸饰，依然成为美学飨宴的精彩创意表现。

采访撰文 | Joanna　空间设计暨图片提供 | 研棠设计工程有限公司

DESIGN STUDIO NOTE 设计档案

研棠设计工程有限公司

设计总监 | 庄昱宸

地址 | 台北市民生东路 5 段 137 巷 11 号 1 楼

SPACE
PLANNING 空间规划

坐落位置|台北市　建筑形式|电梯华厦　空间坪数|54坪　室内格局|三房、二厅、三卫、一书房　主要建材|人造皮、柚木、实木地板、石材、玻璃、茶镜、钢琴烤漆、进口壁纸、进口家饰布

1 2

1. 客厅天、地、壁在搭配的材质、线条或软件，不以繁复的语汇取胜，赋予空间另一种优雅的典致时尚美。2. 以东方"天圆地方"的圆融意象作为玄关的安排，打造出属于融合古典与现代尊荣大气的豪宅邸度。

从人文精神的概念出发，强调生活与空间的巧妙互动的维系，自古典细致而唯美的豪情里发想，保有优雅与柔美的意象透过新式主义的古典低调华丽风格，解释出其中独特的精华，尽情挥洒荣华的豪气与拾掇典致的品味，经由研棠设计庄总监的精致思维，完成居住者最想要的品味时尚与华丽兼备的生活宅邸。

完美比例 掌握新古典时尚表情

描绘华丽典致的低调奢华风，对于生活的要求及对品味的重视，渐渐地开始漫延开来。而在创作的笔触里，不难发现后现代古典的精致一直为现代人引用及喜爱，透过现代的观点及重新诠释，融入后现代古典华丽风华，引领出时尚的内敛华丽，细腻地解析场域丰华气势。信任及专业的美学表现，往往是成就完美空间不可缺少的态度。研棠设计团队一直以来以人文主义为前提，总是细腻表现出居住者情感的思维及品味，积极地铺陈出空间本身的价值与精致古典美学的共生，同时凭着线面之间的完美比例及对称语汇呈现，创意与人性协调地律动着，呈现出绝对精致的空间器度。

对于多种风格的取向及衍生，研棠设计团队针对每个居住者，型塑出专属的个性家居，同时严谨控制预算、强调细腻的工法，在材质、颜色、家具的搭配上，都引领出独特的生活品味与匠心独具的空间表情。玄关以东方〝天圆地方〞的圆融意象安排，藉由灯具、天花的圆形语汇，配置皮革包覆的端景墙面、大理石拼花地坪的几何表情，静缓地解释出雍雅的质感及浪漫的柔性美，量身打造出属于融合古典与现代尊荣大器的宅邸气度。

通透介面 空间开阔意象由材质主导

研棠设计团队将古典的华丽与现代的纯粹语汇，融洽并让之共生共存，透过流畅的动线规划及空间穿透感的营造，连系层次间的互动，融入不同质材的张力表现，领导空间风格的产生，不以线条或繁复的家具取胜，赋予空间另一种优雅的典致时尚美，将生活形态的高雅品味与空间优雅而开阔的气度完美地呈现。

空间上以开放或通透的因子作区域的表现与界定，搭配藉由反射材质、清玻璃、铁件，共同铺述出空间延伸而通透的清朗风景。客厅区域地、壁之间，利用大理石材应和着连续开窗的丰沛自然光源，折射出沉稳而内敛的表情；书房以金属、清玻璃成为与客厅、餐厅之间介面的发展，成为联系生活互动的最佳因子。餐厅区域与厨房以连动式的玻璃拉门作界定，白色钢烤的厨具、展示柜及主墙单纯的饰线框饰，强调区域之间各自属性的建立及互动关系的完美规划，展示主墙与厨房对应，利用茶镜作柜体背景，衍生出映射的空间，让用餐的情绪随着视角的开阔，静缓地享受圆融而宁静的场域氛围。

光影层次 在灯具与距离的关系里发现

空间藉由光影的处理表现出宛若画作的空间美感，而其本身美学更该涵括机能与视觉，经由形体的互动、光影的处理及材质颜色的运用，架构出所谓的空间艺术。光源的渐进张力，由深浅色系的相互交替里自由穿越，层次与灵巧，清楚可见。灯饰的使用及灯光效果的安排，成为空间创意的焦点表现。在线条、颜色都趋于单纯的情形下，是丰富视觉的最佳题材，于是研棠设计团队以渐进式的光源设计勾勒出与自然光线相呼应的精彩空间质感，围塑满室高雅温润的空间气韵。

强调空间的开阔调性，未带过多繁冗的线条铺陈，利用不同造型的灯饰、不同距离的光源铺排，展现区域之间丰富的层次表情，进而延续成为每个立面或区域之中发展的主题，应对于空间感、格局或使用的质材上，皆有不同的趣味与意象的衍生。卧眠空间承袭公共区域的浪漫古典，以白色作背景，温暖的木质地板成就出地坪的关系，在对称语汇的精致比例规划，藉由精致的软件家具，柔软了空间的线面律动，维系着悠闲而细腻的卧眠意象。干湿分离的主卫浴，利用大理石材的地、壁铺排，将五星级饭店式的尊荣悠闲意涵，毫不保留地表现出来。

1 2

1. 利用不同造型的灯饰，不同距离光线的安排，表现空间丰富的层次表情，延续成为每个区域发展的主题，在空间感、格局或使用的质材上，产生不同趣味。2. 餐厅主墙以内嵌的方式作为电视的设计，搭配渐进的光源安排，形塑不同的层次律动。

Uses the different modelling the decorative lighting, continues into each area development the subject, in the sense of space, the pattern, or on the use nature material, has the different interest.

俐落颜色 阐述风格语汇的精辟见地

设计团队巧妙地利用清浅色铺述古典精致而优雅的空间意象，将卓绝清亮的氛围表现完整，透过新式古典极简而时尚的创意，隐匿装饰的线条，呈现而外的尽是一致的协调美感。运用清浅的彩度搭配纯粹简约的线条，完美的解释新式古典空间的极简精神，型塑出融合时尚、低调奢华、古典华丽的细腻与卓绝的浪漫表情，恰到好处隐匿式的收纳机能规划，也是精简空间线面成立的主要手法，完美的比例呈现出新式古典优雅而不凡的时尚魅力。

整个空间线条及颜色积极表现出沉稳而大器优雅的质感，藉由新式古典的都会时尚设计作为细腻线条的引领因子，强调气韵与质感及浪漫的柔性美，融合新古典，而空间的气势与雍华更是不在话下。全区以白色维系着柔美氛围的优雅基调，将居住者喜爱的都会时尚的生活型态，透着线面纯粹展现独具的魅力。庄总监以新式古典精致细腻的语汇结合时尚都会的俐落线条，打造清雅、透澈、艺术兼备的新式古典美学概念的场域。

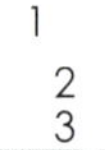

1 2 3

1. 书房中的收纳书籍空间，以展示机能表现，丰富空间表情。2. 新式古典空间的极简精神铺述，型塑出融合时尚、低调奢华、古典华丽的细腻与卓绝的浪漫表情。3. 卧室的设计系以居住者的生活机能作为空间规划的前提。4. 以清浅颜色、简约线条为基调，让卫浴有着雅致氛围。

1

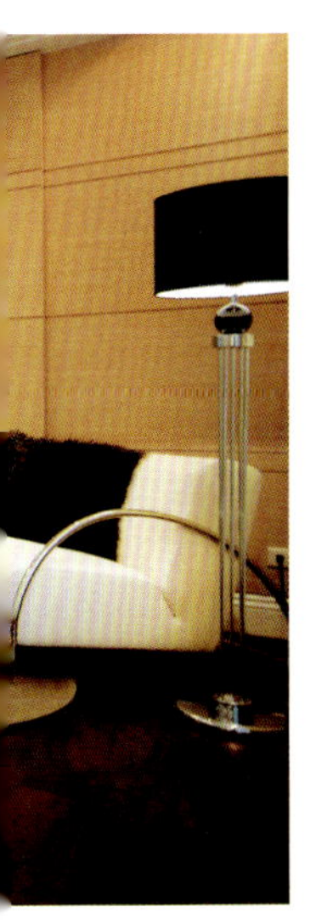

2

3

ABOUT
STYLE 风格元素

1. 延伸。材质引领大器气势的表现

玻璃、镜面材质，成为延伸空间里大器气势的专属因子。书房与公共区域之间，藉由玻璃、金属框架的介面关系，清楚掌握区域当下的互动，也让有限空间里的视角关系，得以放大延续；餐厅主墙藉由茶镜对应厨房空间的关系，将主从关系，经由材质的传递，让空间每个立面都能呼吸到、感受到研棠设计团队细腻而周详的创作力量。

2. 圆融。现代新古典奢华的定调

天圆地方，在东方语汇里象征即为〝圆融〞的意象。甫进门的玄关处，以灯具、天花的造型，接续着端景、地坪的几何变化，将方圆之间的亲暱应对，表现得恰到好处，光影随着水晶的折射律动着，同时为新古典精致而时尚的场域氛围定调。

3. 通透。区域之间亲密互动的界定

通透的表情，是为了延续空间有形的生命力量。为了不让有形的地域概念变得过于零碎，也同时为了增加成员之间生活上良好的互动关系，于是在公共区域的规划上，以开放的方式表现。同时在独立范畴的铺排，藉由机能的设计完整，进而发挥出坪效使用的最大值，形成一种人文精神的演进，积极地表现出美学对于生活的影响能量。

细腻展现 新古典雍雅气度

European Classical Charm

空间的真实意义及蕴含的人本价值，随着设计者与居住者本身的相互了解、信任与细腻思维一一展现出来，而工法的强调和空间的相互安排，自线条的建构到家具选配，全权由设计团队依居住者品味及喜爱再搭配空间整体氛围所规划，如此，空间之中的细致与华丽表现，当可轻而易举地发现。

撰文 | Joanna　空间设计暨图片提供 | 夏克设计

美式古典风格，凭着自然不做作的完美比例及对称语汇的呈现，深获现代忙碌都会人的好评。夏克设计工程有限公司成立已十余年，向来以服务金字塔顶端的客层为主，主持设计师黄毓文强调，美式古典风格完美比例的营造，必须依其空间的需求来量身订做，透过背景强有力的视觉效果，软性物件的搭配，就可以随意变化，构组出不同氛围的空间表情。

优雅高贵 诠释经典豪宅。

1. 运用豪宅式的概念针对客厅沙发后方的"L"形开窗的建筑规划，作出绿景设计，延展出开阔空间感受。2. 公共厅区采用开放方式，不仅连贯彼此区域间形成生活互动，更共享空间机能特质。3. 白色成为玄关主要的彩度安排，美式古典线条设计于柜体当中，更添悠闲氛围。

此案紧邻绝佳的自然景况，因客厅沙发后方的"L"形开窗的建筑规划，黄毓文遂运用豪宅式的概念规划并别墅式阳台，巧妙地透过绿景的建构设计，有效将内外环境舒适合宜的氛围融合，同时延展出开阔的视角感受。

玄关以白色为主要彩度安排，美式古典线条延伸至厅区当中，更添悠闲氛围。客厅区域沙发后方亲临"L"型别墅式阳台，设计师利用南方松及景观设计，将绿意延展进入室内，共同围塑开阔的气势及大器奢华的魅力。天花运用单纯的线条拉阔出立体的层次，建构美式悠闲风格里单纯的精彩，利用白色为基调、俐落的饰板线条，突显空间大方的细致效果。

以白色为基调，作为美式新古典语汇的背景，运用订制家具诠释空间专属的精致度；公共厅区采用开放方式，不仅连贯彼此区域间彼此生活互动，更共享空间机能特质。客厅主墙利用木作烤漆、进口壁纸、层次的线条及灯光，规划丰富的层次律动，主桌以银箔材质、镂空图腾的表现方式，随着光影的洒落映衬出丰富的空间旨趣。

1 3
2

1. 木作烤漆、进口壁纸、层次的线条及灯光设计为客厅主墙背景，规划丰富的视觉效果。
2. 客厅以银箔材质主桌特性，其中镂空图腾设计，让光影的洒落映衬出丰富的空间旨趣。
3. 以茶镜配置木作的线板线条作为书房区与客、餐厅之间的界限，保持通透或敞朗的延伸关系。

DESIGNER NOTES
设计师档案

夏克设计工程有限公司

自现代主义的简约俐落中抽离，以订制家具呈现美式新古典优雅、精彩而细腻的表情，藉由创意的规划装饰展现美学艺术的效果，独特的华丽、浪漫、高贵的格调，细致与优雅并列于宅邸当中。

主持设计师 | 黄毓文
地址 | 台北市南京东路 5 段 234 号 10F-1

SPACE PLANNING
空间规划

座落位置 | 台北近郊
建筑形式 | 电梯华厦
空间坪数 | 室内约 70 坪
室内隔局 | 玄关、客厅、餐厅、厨房、主卧、更衣室、主卧卫浴、客房、小孩房、客用卫浴、书房
主要建材 | 大理石、木作烤漆、板岩木皮、进口壁纸、安丽格、手工订制家具、银箔、订制灯具

The classical atmosphere, using the furniture and the equipment art performance, the Art Deco specialty, the performance space connotation, has the high sense of reality to expand the aristocrat the fashionable expression.

1	2
	3 4

1. 客、餐厅及书房的通透表现，将古典元素及深蕴欧式的创意因子，引伸出高质感贵族气息的时尚大器。2. 餐厅利用白色为基调，天花运用单纯的线条拉阔出立体的层次，突显空间大方的细致效果。3、4. 白色线条作为书房书柜基调，并以茶镜延伸出视觉效果，展现内敛高贵的氛围，再配置细致而优雅线条及材质的家具，将低调奢华的精致开阔气度表现出来。

完全品味的艺术价值

书房区域利用茶镜配置木作的线板线条，形构出推拉式门扉与餐厅之间的界限，及与客厅相邻的介面设计，保持餐厅、书房之间，通透或敞朗的延伸关系。其间书柜承袭公共空间的白色线条，以茶镜延伸出视觉效果，展现内敛高贵的氛围，再配置细致而优雅线条及材质的家具，尽将低调奢华的精致开阔气度表现出来。

餐厅区域延续客厅美式新古典的意涵，以饭店式的精致手法规划强调细腻而悠闲的意象，天花透过线板的简约造型配置水晶吊灯灯饰，将餐叙时的空间感拉阔，轻易地将压迫感化解开来。

在成人与孩童房的规划上，明确区分在建筑的两侧，生活形式上互不干扰。客厅主墙后方设计为主卧区，延续公共空间的古典意象，透过对称方式规划的主墙面、仿金箔式的画框勾勒、床头裱布的细致，将主卧区域表现得精致雍雅、典丽清亮。长亲房以清浅的颜色铺述，强调优雅的卧眠质感；小孩房以机能方式规划，床座的设计结合阅读的功能，下方兼具收纳的效果，藉由材质、颜色表述具现代个性的风格，突显使用者的生活态度。

黄毓文以对 Art Deco 熟稔的专业素养，将古典元素及深蕴欧式的创意因子表现得十分到位，不仅具高质感更引伸出贵族气息的时尚及大器，对于经典式的古典语汇，藉由一直以来深耕于设计表现出用心和专业态度，透过格局或机能性的分配重塑出新生空间最优质生活的精致品味。

Editor's Recommendation

>> 编辑最推荐

01 古典图腾 形塑高雅细致的氛围

↑在客厅与书房的介面，运用茶玻搭配古典图腾材质，成为二者光影穿越的中介，又能同时保有区域的独立特质。

02 订制灯具 别具古典手感效果

↗角落放置手工订制的灯具，与客厅、书房间的介面材质茶镜作映对，光影渐层的同时，释放了对于空间的温度，而手感的专属强调独特性，增添空间里古典雍雅的气质。

03 银箔画框 突显古典风情

→餐厅空间利用画框式的明镜安排，不仅增加空间的延展性，更同时具备古典的空间效果。

1
2

1. 主卧区透过对称方式规划的主墙面、仿金箔式的画框勾勒、床头裱布的细致，将主卧区域表现得精致雍雅。
2. 小孩房床座的设计结合阅读，下方兼具收纳的效果，藉由材质、颜色表述具现代个性的风格。

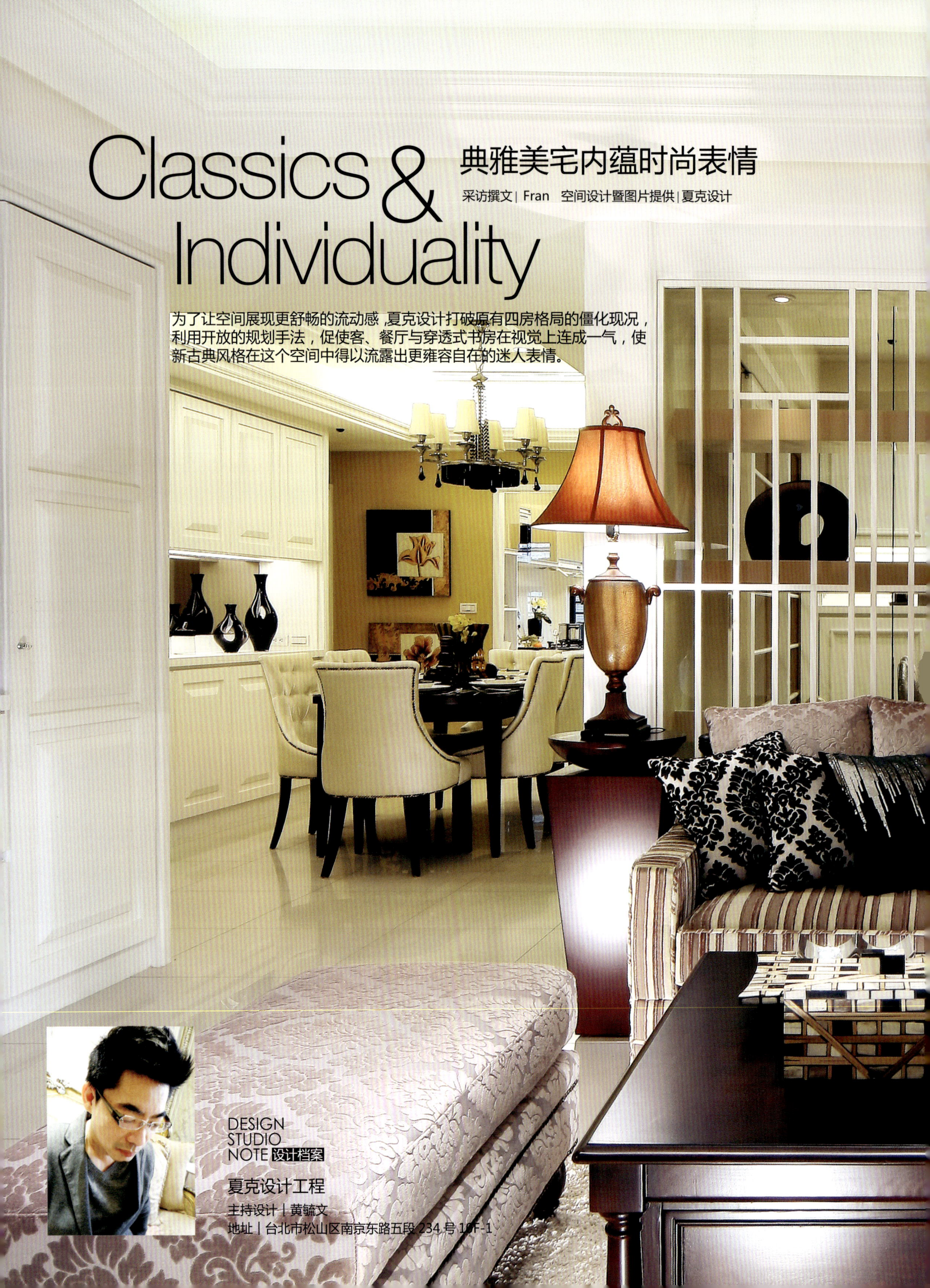

Classics & Individuality

典雅美宅内蕴时尚表情

采访撰文 | Fran　空间设计暨图片提供 | 夏克设计

为了让空间展现更舒畅的流动感，夏克设计打破原有四房格局的僵化现况，利用开放的规划手法，促使客、餐厅与穿透式书房在视觉上连成一气，使新古典风格在这个空间中得以流露出更雍容自在的迷人表情。

DESIGN STUDIO NOTE 设计档案

夏克设计工程

主持设计 | 黄毓文

地址 | 台北市松山区南京东路五段 234 号 10F-1

想要有完美的风格呈现，必须先有舒适合宜的空间格局与动线。因此，主持设计师黄毓文首先针对屋主的家庭人口组成，以及日常生活动线，将制式四房格局做了调整，化解了原本僵化的动线，并巧妙地弭除家人之间的隔屏，使得全家人的互动在穿透的格局中更加紧密结合，无形中也增加了空间的视野，让整个室内更增开阔感。

精采家饰成功塑造新古典美感

虽然拥有达 75 坪的空间，但因原始格局侷促，使得大宅的空间感无法体现，为了有效改变现况，设计师首先以独立玄关空间来创造出里外有别的动线层次感，同时也在玄关内安排了橱柜与收纳等机能，让生活的便利性与尊贵感在此得到展现。

正式进入客厅后，首先可以见到设计以 3 道凹槽造型作为衔接线条的电视墙面，下方则搭配以金镶玉大理石的台面，简约内敛的线条与客厅内奢美抢眼的家具、织品等形成对比却融洽的美感。而为了营造出屋主喜欢的新古典风格美感，在家具挑选上除了锁定奢华度十足的绒布沙发，同时也搭配了多款精致的抱枕，让屋主坐卧于此时可以拥有绝对的奢宠感。另一方面，对称的桌灯与斗柜，大面积的窗帘等周边饰品也是创造典雅气氛不能忽略的功臣之一。

SPACE
PLANNING 空间规划

坐落位置|台北近郊　建筑形式|电梯华厦　空间坪数|75 坪　室内格局|玄关、客厅、餐厅、厨房、主卧房、双亲房、小孩房、书房　使用建材|金镶玉大理石、安格丽木皮、烤漆、铁件、订制家具、进口壁布等

In order to provide one with a spacious feeling,designer uses some vital tricks.For example,the glass made divider employed to separate the living room is superbly huge.

舍弃一小卧房，成就大空间视野

为了增加视觉的丰富度，在位于客厅进入餐区的过道上特别规划有双高柜与壁灯、镜柜等端景，除了让客厅画面更能增添几许华美感之外，此区也肩负了室内重要收纳机能的职责。而考量能有效地打开原本被切断分割的客厅与餐厅，设计师考量屋主实际需求后，决定舍弃夹于两者之间的一间小卧房，将之改为半开放式的书房，打掉原来的实墙改造为造型感十足的铁件屏风，此一设计既可改善原有实墙所形成的封闭感，并且藉由书房光线让客厅背墙的视觉向书房内延伸，在拉大空间感的同时也完成了独一无二的客厅主墙。在设计过程中不断地强调创意与风格的夏克设计，一直以来从未受限于某种风格的窠臼，在此一个案中更在原本经典的新古典空间中加入现代感的铁件材质与简约线条，让屋主奢华的品味有了个性的时尚表情，也让设计师的功力在此展露无遗。

1 2	3

1. 居于客厅与餐厅过道之间的三不管地带被赋予收纳与装饰的端景柜，让空间利用更精巧。2. 书房除了是装饰焦点外，优雅的环境与完整阅读桌椅也提供屋主静谧独享的区块。3. 餐厅区以美式新古典的家具搭配着素雅线板的所装是餐柜与门片，让空间更具风格。

舒适与机能两全的周到设计

原本为空间中最大转折的书房，在开放规划后转化为整个室内最重要的连贯区，除了让客厅有了视觉延伸，在餐厅区也因将实墙改以玻璃拉门而有了更优质的穿透性。同时，书房内饰品层板柜的设计在灯光的烘托下，也自然而然地转成餐厅与客厅区的装饰焦点，让原来单调的门片与墙面变成美丽的画面。

除了精采的公共区域规划外，设计师黄毓文务实地认为住宅设计绝对不能脱离舒适的私人空间，尤其在机能的掌握上更是不能轻忽。因此，特别在主卧房内要讲究视觉的整体美观与实用机能，在床两旁摒除边几装饰，改以陈置一边化妆台，一边五斗柜的方式来增加居住者的收纳机能，同时在床头壁布上饰以双古典壁灯的安排，贵气之余亦具有实际阅读灯的机能作用。另外，在长亲房与小孩房的设计上也强调质感与居住者的性格取向，让每一位使用者得以拥有最自在舒适的生活场域。

1. 主卧室利用古典线板与床背绷板的设计来增加舒适感，而对称壁灯则提升空间奢华度。2. 小孩房内采以色泽温润的木质作为铺陈，再饰以不规则及弧面设计来展现活泼的视觉。

1

2

3

ABOUT
STYLE 风格元素

1. 现代感与新古典风格的冲突对比

擅于创新的夏克设计以现代材质铁件以及格栅线条作为客厅屏风的主视觉，搭配华丽奢美的新古典家具，让整个设计展现出对比与冲突的美感，也创造出设计的张力。

2. 抢眼而亮丽的灯饰及奢华织品

新古典风格的营造精神在于将机能饰品化，而设计师也充分掌握此原则，将壁灯、抱枕、窗帘等物件，由机能取向转为装饰设计，从色彩、材质及亮度等仔细考量其搭配性，是风格营造的最大关键点。

3. 书房内的层板装饰柜

书房的穿透格局除了兼具有让视觉大开放的效果外，在设计师的巧妙规划下，搭配了灯光与层板上的饰品陈设后，更是让此空间提升为视觉的焦点，成为客厅、餐厅及过道上重要的装饰设计。

轻古典 内敛的华丽与优雅

Magnificent & Graceful

5 层楼独栋别墅居家的规划，官山空间设计以时尚轻古典风格为主，将三代同堂的关系藉由楼层作划分，平时保持互动却各自都有独立生活空间。以高度工艺的线条结构之美呈现最规划的基底，挑高和减法等设计手法，产生空间加倍放大的视觉效果。

撰文 | Joanna　空间设计暨图片提供 | 官山空间设计

1 2

1.开放式厨房在中介地带配置白砖拱门，成为餐、厨空间界限，搭配水晶吊灯，开启奢华时尚的视觉飨宴。
2.订制家具中，前卫曲线造型的白色沙发、乳牛皮单椅等摆置，呈现一派古典与现代相融的人文风雅。

以北欧时尚风格的魅力，成为空间格局设计的方向，杨宛霖设计师利用“轻古典”的黑白对比的设计概念，简略或金或银浮夸的冗赘语汇或装饰，还给空间及生活优雅而内敛的本质，举凡进口仿鳄鱼压纹皮革地砖，还是古典图腾金属壁砖，都表现摩登沉稳的顶级质感。

轻古典 享受低调内敛的奢华

以时尚、简洁元素带出主人喜欢的精品质地，越加衬托开放式格局的舒畅感，让挑高公共厅区凝聚气势焦点。同时因为客厅拥有大面落地窗引入自然采光，映照环伺壁纸纹理、古典艺术线板、灰色美国花岗岩地板，交相构筑出纯白浪漫的时尚优雅气息，搭配前卫曲线造型的白色沙发、乳牛皮单椅等摆置，呈现一派古典现代相融的人文风雅。主墙面由钻石板门片内隐藏视听设备及收纳功能，让白色调古典氛围不被现代科技所干扰，展现清新唯美调性。

电梯位于屋子中心，格局结构受牵制无法更动，设计师利用古典线条搭配黑色墨镜镭射古典图腾，搭配进口黑底白色雕花壁纸，环绕电梯外墙与楼梯延伸而上，相对的展露雕塑般的细致文艺气息，也成为住家另一个瞩目焦点。餐厅区域主色选择神秘的黑与纯洁的白，华丽却不俗 ，局部点缀银色，对照天花垂吊的水晶灯、黑色烤漆餐桌、白色皮革扶手椅，古典和现代交错的奢华感油然而生。

开放式厨房在中介地带配置白砖拱门，成为餐、厨空间界限，厨房区分热炒区与轻食区，轻食区则设计类似欧洲街景，利用拱门状隔间、镭射古典艺术风格玻璃为立面材质，结合屋子原有墙面的二丁挂壁砖，塑造出优雅的古典建筑情境。

1 2	3
	4 5

1. 餐厅透过水晶灯、黑色烤漆餐桌、白色皮革扶手椅，融汇出古典和现代交错的奢华感。
2. 吧台望向餐厅，主色选择神秘的黑与纯洁的白，华丽却不俗 。
3. 客厅以挑高气势凝聚场域焦点，映照环伺壁纸纹理、古典艺术线板、灰色美国花岗岩地板，突显空间轩昂不凡的姿态。
4. 主卧区域拥有大面落地窗引入自然采光，交相构筑出纯白浪漫的时尚优雅气息。
5. 主卫浴透过进口仿鳄鱼压纹皮革地砖、古典图腾金属壁砖，将摩登沉稳的顶级质感，呈现完全。

DESIGNER NOTES
设计师档案

官山空间设计

设计师大量运用俐落线条与优雅配色，让空间幻化成最自然优雅的动人姿态。其中卧室，延续轻古典元素，以黑、白色彩为主要空间配置的基调。官山空间设计团队彻底的将居住者的想望，经由材质的特质，化成线面表情，俐落的穿梭其间，经典华贵氛围自然垂手可得。

设计总监｜杨宛霖
地址｜台北县板桥市英士路5号4楼

SPACE PLANNING
空间规划

建筑形式｜透天别墅（一至五楼）
座落地点｜台北
空间坪数｜约90坪
室内格局｜5房4厅5卫
使用建材｜雷射玻璃、墨镜、特殊铸漆、美国花岗岩、雪白银狐大理石、进口壁纸、进口仿皮革地砖、仿复古文化石、实木地板、灰镜、特殊铸漆、进口壁纸皮革

感受 黑白之间的经典华丽

在白色古典中融入黑色元素，表现出一种成熟、优雅、神秘的情境，是此案精髓所在。以仿制香奈儿品牌营造奢华内敛的氛围，为此案的古典语汇定调。白色为主调的空间里，黑色仅占 20% 空间，却发挥出强烈的点睛效果，让空间更有层次感，线条更丰富，也勾勒出具有一种华丽、时尚有自信的生活态度。

客厅因原有屋高较低的因素，刻意放低家具高度，让视线能绵延至窗外景色，整体空间中减少欧式古典元素，不采用大量的浮雕、立体雕花框饰墙面，反而采用黑框勾勒出古典型式，在白色空间中植入古典气息。客厅 TV 墙由黑云石与银狐大理石搭配交错而呈现出时尚经典黑白表情，黑色皮革矮柜台面与大理石的组合设计，消弭电视柜的传统印象，给予时尚美感与价值感受。电视主墙边的造型置物柜门片，使用雷射雕塑板切割玫瑰图腾，塑造香奈儿优雅氛围。古银色雕花把手搭配现代设计家具再加上古典水晶吊灯，松动古典的繁复感，塑造了时尚典雅的新印象。

开放式的餐厅空间延续着黑白主题，空间由神秘的黑、纯洁的白，还有奢华的水晶吊灯交互缠绕而成，餐桌主墙黑色英文字体壁纸，展现出冲突美，光影在墙面与厨房清玻璃拉门上的镭射上英文图腾之间穿梭，再倒影至镜面的餐桌，交错着古典和现代的美学冲突。

1. 以黑白为主要色彩，略去大量的浮雕及立体雕花框饰墙面，透过黑框勾勒出古典形式，在白色空间中植入古典气息。
2.TV 墙由黑云石与银狐大理石搭配交错而呈现出时尚经典黑白表情，并透过黑色皮革矮柜台面与大理石的组合设计，加深时尚风华。
3. 订制家具搭配背墙语汇，共构空间低调内敛的华贵质感。
4. 白色为主调的空间里，以仿制香奈儿品牌营造奢华内敛的氛围，少量的黑色元素，发挥出强烈的点睛效果，让空间更有层次感。

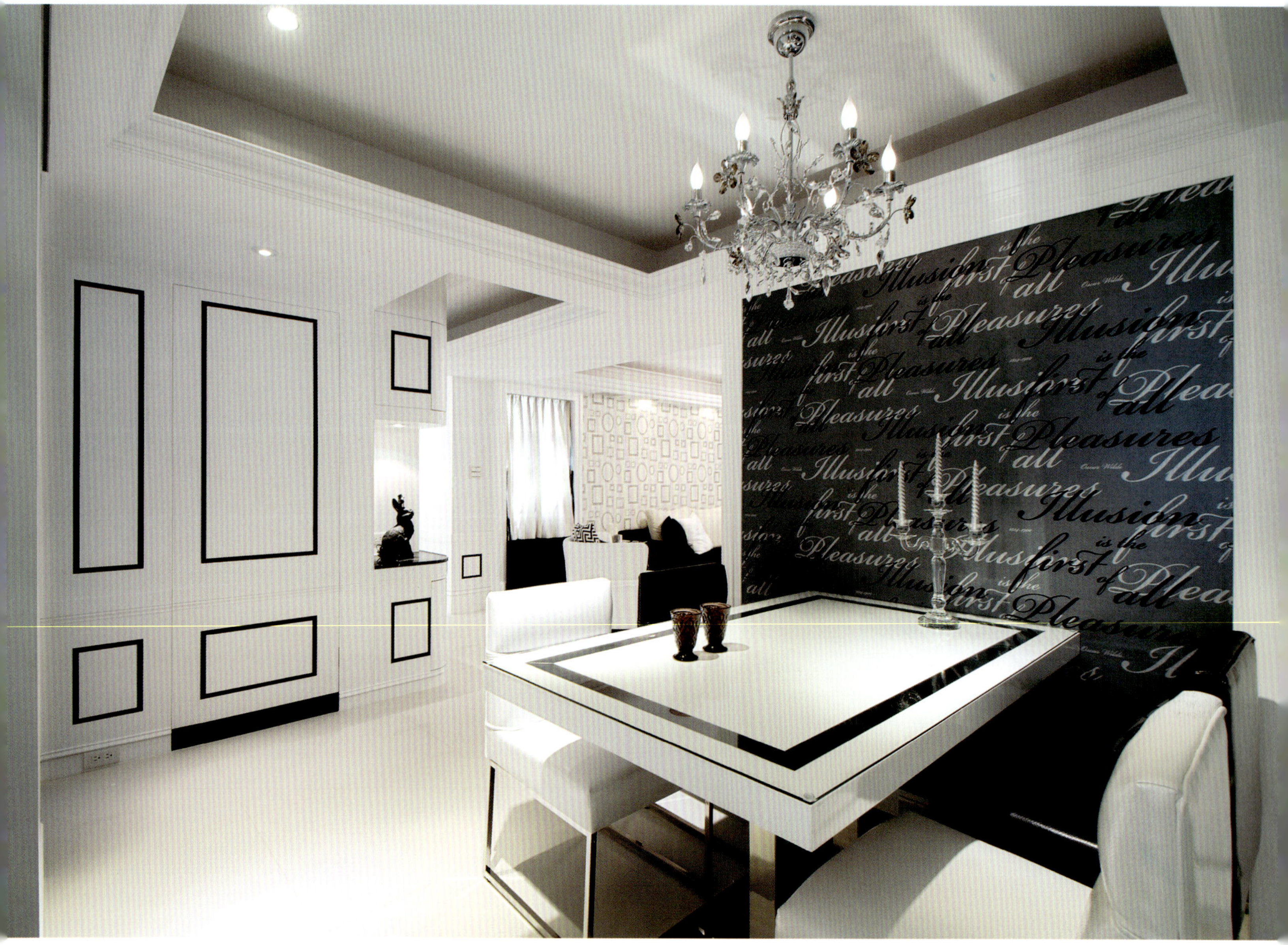

1. 餐桌主墙黑色英文字体壁纸，展现出冲突美，塑造了时尚典雅的新印象。
2. 餐厅区域利用白色，为空间优雅氛围定调，黑色线条的框饰，交错着古典和现代的美学冲突。
3. 主卧透过主墙对称的元素里，延续着厅区时尚内敛的雅致意境，利用玻璃折射的原理，放大空间感受。

Editor's Recommendation

\>> 编辑最推荐

01 摩登语汇 阐述场域经典优质品味

→在客厅黑白对比为主的电视主墙边，使用镭射雕塑板切割玫瑰图腾，设计造型置物柜门片，并透过经典品牌的意象，打造生活品味及态度的优雅细腻。

02 客厅主墙 彰显优雅华贵气度

↓以"轻古典"的黑白对比的设计概念为主，客厅主墙面由钻石板门片内隐藏视听设备及收纳功能，让白色调古典氛围不被现代科技所干扰，展现清新唯美调性。

03 藉由材质变化 形塑楼梯连贯精致意象

↘利用古典线条搭配黑色墨镜镭射古典图腾，搭配进口黑底白色雕花壁纸，环绕电梯外墙与楼梯延伸而上，楼梯沉浸在黑白、光影之中，展露雕塑般的细致文艺气息，也让过渡地带也幻化时尚古典，成为住家另一个瞩目焦点。

大器精雕 非凡空间艺术

Extraordinary Space Art

广受顶尖客层喜爱的新古典风格，加上特有人文的锦上添花，让优秀的设计者，得以透过更精湛细腻的创意与手法，打造引领当代的都会新古典风貌。在这处旧屋翻修的设计案中，荣获台湾杰出企业管理人协会颁发"杰出十大企业奖项"肯定的中甸国际设计，正是以过人的精雕艺术融合大器的机能布局，开启人们优化生活的更多选择。

撰文|林雅玲　空间设计暨图片提供|中甸国际设计

现阶段空间规划的内容和方向，随着人们生活品质的提升，明显变得更加多元。如何让作息与喜好各不相同的家庭成员，能在同一个空间中找到自我的归属？又如何定位空间与众不同的艺术价值与生命力？这不仅是中甸国际设计在这处空间中热切探讨的人文议题，也可以说是具备高度美学与专业的设计者，将品味时尚具体转换为实际生活的最佳方式。

令人赞叹的黄金比例

如何在一般住宅中展现气势不凡的新古典风情，最关键的重点就在掌握最佳的视觉、造型黄金比例。玄关进门不再另作区隔，进入客厅时为了引导动线，设计师在正对墙面以手工漆与金箔描绘的精致边框，打造醒目的视觉端景，完美的切割比例，和谐地融入电视主墙整体造型，辉映厅内特别挑选的缇花古典沙发以及两张有型的单椅，连同家具软件等布置都经过事前精确计算，很自然就带出主人的独到品味。

光影缤纷的电视主墙，中央以华贵的金丝壁纸来诠释过人的气度，两侧的镂空线条格外细致。

The creation of classis and exquisite ambient is often determined by the perspective of design and taste of international horizon. The Design how has known for his design aspiration from European classics, commits in the exquisite imposing momentum and large-scale creation.

原有客厅阳台拓出后，使用面积虽然加大，不过要解决的问题也不少；首先是整个客厅重心跟着偏移，还有突兀的横梁影响视觉，这些都是设计师必须面对的技术挑战。首先以长沙发的中心为基准点，定位水晶吊灯以及电视主墙的中心位置，造型天花以数字8为灵感的新鲜创意，串连的两个圆弧幻化生动的立体层次，其中更隐藏着满满的祝福，不但让主人特别开心，也让客厅立刻显现与众不同的名家风范。

客厅窗前为了维持优越的空间高度，跳脱一般切齐梁下、封板平钉的制式做法，将横梁化身为精美的门拱造型，门拱后方规划明亮的观景窗与展示台面，搭配轻柔白纱，与天然石材极为相衬的家饰布品，透过前后景的串连，精致的窗景就仿佛是一幅活的装置艺术，让人时刻感受四季变化的美丽风情。

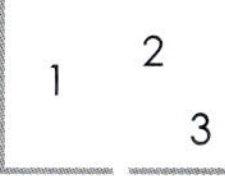

1. 客厅以醒目主墙设计取代传统视听柜，设计师将靠近阳台处墙面畸零空间规划成视听柜，不仅将视听管线集中管理，还能延伸四平八稳的大器空间感。
2. 客厅区以数字8为灵感发想的双叠圆天花造型，烘托水晶灯饰的灿烂。
3. 为了消化室内原有大梁，设计师特别以花梨木制作优美的门拱，作为餐厅与客厅间的分野。

DESIGNER NOTES
设计师档案

GO.VS 中甸國際

中甸室内装修企业股份有限公司

为了让单纯的住宅空间同时拥有欧式新古典的细腻华采与现代生活的舒适、便利，设计师在用色上以大量白色为主，点缀英、法式风格的精雕元素，并搭配各种吉祥图腾语汇，让现代建材完美表现出复古、温暖的手工质感，进而创造极致优雅的空间意象。

设计总监 | 简进
总公司 | 台北市北投区明德路 201-4 号 1 楼
分公司 | 高雄市三民区教仁路 3 号
内营室业字第 40E2003225 号

1
2 3　4

1. 开放规划的厨房空间以白色为主，搭配设计师亲手设计、订做的精致厨具，柜身由白色钢琴烤漆特制。
2. 玄关区由方与圆的线条诠释的造型隔屏，巧妙引导入门后的动线与视线。
3. 客浴拥有比美顶级饭店的超大镜面，搭配大理石精雕的弧形水槽台面。
4. 量身订做的厨房是一大规划重点，除了吧台柜身手工精雕的枫木饰板，彰显独一无二的艺术性外，日常使用的工作墙面，特别采用由日本进口，特殊的抗菌板材施作，材质本身具备天然石材般的晶润特性，加上防潮、抗腐、无接缝的优势，健康、美观又易于保养清理。

源自欧陆的精雕图腾语汇

客厅深富时尚古典魅力的主墙设计，是绝对不能错过的重头戏，中央背景使用华贵的金丝壁纸，创造室内生动视觉印象，电视墙两侧以镂空雕花方式，映现背景灯光与立体鲜明美感，内藏环绕音效喇叭；取代占据空间的传统电视矮柜，完美把空间的休闲、生活机能，也转作视觉装置的一部份。在这里，尊贵的法式因子和高雅、清爽的英式元素兼容并蓄，糅合独树一格的风雅与高贵质感。除此之外，全宅巧妙运用图腾语汇提升艺术性的技法，也是中甸设计令人印象深刻的美学创意之一，光是方与圆的解构，就能衍生各种不同的变化，例如玄关隔屏上半就是方与圆的对话，取材自中式药柜般方格切割的纯白收纳柜，上端搭配特制夹绢丝玻璃，清透的美感中，让后方餐厅的缤纷、浪漫若隐若现，还有客厅天花造型的数字8暗示大发利市，小孩房鱼形连缀的墙面塑形象征年年有余以及出双入对；甚至是大门上端3个相邻的圆，圆内再切割出18阶的立体层次等等，您绝对想像不到，这造型象征着电话号码，这是针对经商的主人特别的真心祝福。

SPACE PLANNING
空间规划

座落位置 | 台北 . 天母

建筑形式 | 旧式公寓改造　空间坪数 | 室内约 40 坪

格局规划 | 玄关、客厅、餐厅、厨房、主卧室、书房、小孩房

主要建材 | 兰多歌大理石、杜邦人造石、烤漆、金箔、手工漆、抗菌版、夹绢丝玻璃、人造雪花石、琉璃、花梨木、南美玉檀五寸地板、金丝壁纸、枫木洗白、精雕艺术线版、SWAROVSKI 水晶、琉璃洗石子

精彩巧思 创造非凡的生活方式

优雅的餐厨区是拆除原有一间房来进行规划，天花板运用瑰丽的雪花石营造情调满点的光晕；工作墙面则采用特殊的抗菌板施作，犹如天然石材般的晶莹外观，加上防潮、抗腐、无接缝的特性，既美观又易于保养清理。为了保持空间应有的轩敞，设计师也特别以美式家居的便利餐台取代制式餐桌椅，厨房内清一色纯白的经典厨具以钢琴烤漆量身订做，门片还点缀SWAROVSKI水晶五金配件，不愧是中甸国际设计独家特制的生活精品。

餐厅旁安排一处开放的动线缓冲区，靠墙规划壁炉造型的精巧佛龛，体贴主人的信仰与民情。一旁以夹饰绢纱打造的玻璃收纳柜同样光采夺目，两侧对称门片虚实交错的精致设计，常常让来访的亲友无从分辨，但其实只有右边才是通往客浴的真正入口。

充满活力的半开放书房内，整合原有天井向上延伸的宝塔天花造型最为别致，也让原本屋高并不适合吊挂的水晶吊灯找到最佳展演舞台。主卧室内多彩多姿的情调灯光，辉映床头两侧以雪花石特制的璀璨光带，精确的角度榫合不让一丝的光线外逸，秀致的工艺洋溢迷人的空间感。床尾并入衣柜并可拉出旋转的电视机能，提供任何角度都能观赏的便利性。靠窗精巧的阅读区附带轻巧吧台的实用性，透过设计师的多元独特创意，点出极富质感的生活韵味。小孩房清新明亮的调性以高雅的枫木为主题，床头像是双鱼对望的细致展示柜活泼而实用，专属的卫浴门拱上装饰女主人亲自挑选的琉璃洗石子，整体散发无比舒畅的休憩氛围。

1 3 4
2

1. 动人的主卧设计强调不凡品味，窗前规划精巧阅读区兼具体贴的吧台机能，善于利用每一寸空间。
2. 轻巧的吧台柜身利用精致的雕花藻饰来点缀，十分细腻。
3. 为了降低大量木作的压迫感，只留下轻盈、细腻的空间感，设计师运用了相当多元的特殊材质；包括硬体的钢琴烤漆、水晶灯饰、镶嵌水晶的五金配件、特殊玻璃加工以及奢华的 K 金材质，营造高贵的人文气质。
4. 小孩房安排收纳柜，除了展现实用的设计外亦展现了线条美学。

Editor's Recommendation

>> 编辑最推荐

01 电视主墙寓机能于美感的专家手法

←客厅不作传统视听柜，而是以电视墙近阳台的末端，利用墙面凹陷的畸零空间规划视听柜，而墙体两侧用来收纳喇叭的镂空雕花造型，不仅精致美观甚至可以当作照明来使用，展现大气不凡的空间感。

02 手工精雕的雕花艺术线版

→雕花艺术线版的巧妙运用，是英式古典的灵魂所在，无论用于全案收边或重要视觉焦点，都在考验设计师对于空间比例的敏感度与想像力。中甸国际设计在此个案中的表现，不仅深谙各种线条间的美感差异，更能将简繁之间天赋的纹理之美，发挥得淋漓尽致。

贵气奢华的殿堂风采

Glamorous Palace

与生俱来对美的感受力、不断精进的专业实力，加上不肯妥协的认真与热情，让英家设计的主持设计师陈湘玲，能在竞争激烈的豪宅装修市场中，不断超越自己，也不断经由优异规划累积友谊和超高人气。而本案屋主也是因为参观好友家的机缘，从此再难以忘怀；英家设计那种独有的客制化创意与细腻质感。

撰文|林雅玲　空间设计暨图片提供|英家空间设计

品味非凡的客厅区强调空间的对称性与稳定度，设计者透过中轴线建立主要造型立面的对应关系，强化整体气势。

经手过许多不同类型的空间个案，设计师陈湘玲特别重视事前的详尽沟通，以及使用者实际的内心感受，许多创意不是为了成全个人的表演欲，而是随时将心比心，将客户的需求放在第一位，因此许多合作过的客户群，口口相传的好口碑，就成了最好的行销广告。

气派厅堂 奢华的 Lobby 印象

一进门的玄关区立刻就能欣赏到陈湘玲设计师针对主人特色而发想的生动创意。视线正面特制的金丝玻璃隔屏体态优美，稳重的方格框架以前卫的银色汽车烤漆涂装，让来自客厅的的天光随时能逸入玄关区，既能划分空间属性，也能维持视觉的穿透。玄关上方两座杏型的精致天花造型，内嵌水晶灯越发显得层次分明，这是针对双鱼座的主人独有的类似家徽设计，精致璀璨却又深具归属意义。走道两侧也能观察到设计者的体贴用心，精选灰镜、皮革、木作等材质巧妙搭配，依等比例规划精美鞋柜与对应的行列造型，柜体的高低变化烘托灯光，当人们行走其间，不只有缤纷的光影缓步相随，特别是低调却富于细腻感的色彩与工法，第一时间就将名门大宅的过人气度表露无遗。

当视线进入客厅，因应喜爱尊贵气质的女主人而量身订制的大气氛围令人不住屏息。陈湘玲指出："住宅中原本就存在的许多梁、柱、管线，并不是全面掩饰起来就算最好，而是如何将先天好的条件加以发扬光大"。因此客厅上方九宫格造型的设计，再运用线条、灯光以及点缀于方格中央的雕花线板来增加立体感，在拉升视觉高度的前提下，营造宛如顶级饭店 Lobby 般的奢华气度。

对称与比例 新古典美学关键

打造经典的新古典住宅还有另一个关键因素，那就是单一空间的对称性与视觉稳定度，所以陈湘玲非常注重纵、轴线与主要造型立面的对应关系，以便呈现最佳的视觉比例。像是客厅气势过人的主墙设计虽然线条十分简洁，然而大块面帝诺石材层次交叠的立体感，在背景光的烘托下格外鲜明，特别是以两侧对称的铝框黑玻电器柜，取代传统视听台面的手法，以及"ㄇ"字形外框以法国边收尾的精湛，皆透过立面微妙的高低差与俐落线条呈现不凡的艺术性。

光彩四射的沙发背墙处理同样精彩；外框精美的立体柱头与艺术线条，浮雕出丰富层次，中央菱形切割的灰镜立面，对话左右对称的亮片布料饰板，整体在柔和光源映照下，家居的温馨气氛与精雕细琢的现代工艺兼容并蓄。通往餐厅区的右侧墙面，看似对比鲜明、活泼的不对称精品柜设计，其实中央隐藏着实用储藏间，可以摆放一些大型生活物件，提供公共空间大量的收纳机能，以便释放更充裕的环境敞度，并提升过渡空间的稳定感。

4
1 2 3

1. 当视线进入客厅，因应喜爱尊贵气质的女主人而量身订制的大器氛围令人屏息。
2. 玄关区上方别致的杏型天花造型，是设计师针对双鱼座主人特制的装置艺术。
3. 由玄关鞋柜立面，衔接到精品展示柜与隐藏式储藏间的多元收纳创意。
4. 美仑美奂的沙发背墙以古典线条边框，衬托中央精致的灰镜菱形分割与对称亮片绷布，展现细致唯美的艺术气息。

DESIGNER NOTES
设计师档案

英家空间设计

英家设计讲究空间绝对的客制化，无论古典或现代、繁复与简洁，随着成员的喜好与实际需求营造独一无二的风格味道。设计师陈湘玲坚持设身处地将业主未来的家，当作自己家来经营，从材质的搭配到动线建议，保持自始至终的用心，深获客户肯定。

主持设计师 | 陈湘玲　室内设计证字 | 第 125-000568　装修工程管理证字 | 第 126-002449

最新代表作 | 台中佳茂 - 世纪之顶、台中七期豪宅 - 聚合发经典、竹北豪宅 - 帝宝、竹北别墅 - 名诠一原

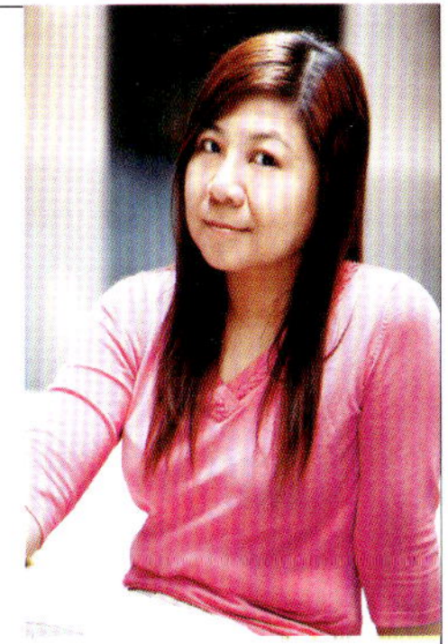

地址 | 台中市文心路三段 11 巷 2 号（中港路口）、新竹市东大路四段 290 号 9 楼之 3

SPACE PLANNING
空间规划

座落位置 | 台湾 . 台中　建筑形式 | 电梯华厦　空间坪数 | 室内约 54 坪

格局规划 | 玄关、客厅、餐厅、厨房、书房兼客房、主卧室、女孩房、储藏室

主要建材 | 天然石材、灰镜、皮革、艺术雕花线板、亮片织品、壁纸、超耐磨地板、铝框、黑玻

Either historical classical architectures or arts handed on from generation to generation transcend the boundary of time because of the endurable aesthetics and spiritual power. An outstanding space design also presents the same characteristics.

餐厅强调对称的背墙设计，以大幅低调镜面扩张空间感，上方居中吊挂两盏光影缤纷的水晶灯饰，将双层椭圆天花造型的独一无二描绘得淋漓尽致，和谐对应方形餐桌与银底缇花古典餐椅，带出天圆地方、气势十足的餐叙气氛，开放厨房以便利餐台与餐厅相邻，全数以黑烤玻璃包覆的工作区墙面，展现摩登又时尚的洗炼风情。

女孩房床头原有大梁经过设计师巧手，优雅的高挑扇贝意象，反而成为最佳的装置艺术，整体清新色彩令人心旷神怡。简洁的书房也兼客房，可供两人共用的阅读区与大面书柜一气呵成，让有限空间能发挥最大效益。

1. 餐厅椭圆的双层天花造型至为壮观，中央吊挂两盏美丽古典灯饰，在银色系的餐桌上撒下缤纷光影。
2. 女孩房床头造型融入优雅的高挑扇贝意象，巧妙修饰原有大梁，同时也是最佳的装置艺术。
3. 书房也兼客房，靠墙俐落的书柜设计既精致又实用。
4. 餐桌后方的背景墙面以对称的古典艺术图腾和时尚镜面相辉映，巧妙扩张餐厨区视野。

Editor's Recommendation

>> 编辑最推荐

01 九宫格天花造型彰显气势

←客厅内天花的造型，深刻的线条分割比例，在方格中央雕花艺术线板与柔和灯光烘托下，同时还具有提升室内高度的效果，让原本已经气势十足的客厅区，越发展现如顶级饭店般的尊荣情境。

备受尊宠的休憩逸境

虽然是新屋，不过建商原来提供的 3+1 房格局，房间都明显太小也不符合一家人的实际需求，因此设计师经过微调，将其中一房均分给主卧室和女孩房使用，创造更舒适的休憩空间。其中气质雍容沉稳的主卧空间，接近留白的床头立面散发纯净感，两边对称精美壁灯，整体造型强调居中对称的和谐比例，床侧靠墙一整面衣柜以优质环保低甲醛板材施作，兼顾美观与健康。床尾由视听墙图腾立面向内延伸的空间规划休闲与梳妆区，是体贴女主人的巧妙设计。除此之外，对于各种材质特性了若指掌，也是陈湘玲设计师能够在美感与实用性上不断超越巅峰的重要助力，在本案中虽然以质感细腻的时尚新古典作为风格主轴，但手法却能在精工美学的前提下，巧妙过滤过多繁复的线条与装饰，避免形成日后维护上的体力负担与死角，深具前瞻性的全面思考，难怪总是能赢得使用者的高度认同。

1 2

1. 主卧室气质沉稳，床侧靠墙一整面衣柜以优质环保低甲醛板材施作，兼顾美观与健康。
2. 主卧更衣室化妆台窗景，摆放古典贵妃椅，每一处空间都充满巧妙设计。

02 挑战极限的餐厅天花造型

←别出心裁的天花造型时有所见，不过本案餐厅的双层椭圆天花造型，的确是挑战现代工艺的极限，光是规划初期在地板的放样，就已经让熟练的师傅们人仰马翻，尤其是边缘处已经是避开梁柱的极限，因此特别能营造整个餐饮空间的大器风采。

03 隐藏式的储藏间设计

→设计师利用从客厅要前往餐厅的端景墙面，在两侧精美的展示柜之间，规划实用的隐藏式储藏室，分门别类的创意，让有限的畸零地坪发挥最大的经济效益，同时可以避免制作过多实体橱柜压迫空间，释放生活环境最开阔的视野。

镂刻美学的欧风别墅

Classical Pattern

从平面豪宅迁入庭园别墅，设计师不仅善用空间规划，使屋主的生活品味与格局均更为开展外，同时也多处运用雷射雕刻的手法，在空间点缀着镂空的古典雕刻花样，让整个欧风十足的典雅别墅除了有混搭着现代与欧风古典的风格元素外，更能体现出专属于屋主的原创设计美感。

撰文 | Fran　空间设计暨图片提供 | 立禾室内设计

藉着楼梯间区隔客厅与餐厅，并以拱门来串连动线，展现宽敞格局。

客厅主墙以大画面蓝钻石材创造星样光芒，为了维持画面简约完整，还特别将电器柜等琐碎设计移至侧边。

DESIGNER NOTES
设计师档案

立禾室内设计

有了前次为屋主装修的经验，立禾设计更了解屋主的美学品位，加上此次规划的建筑物为透天别墅的格局，在空间的完整性以及空间的尺度上都更优于先前的空间，设计上特别以饭店式的 LOBBY 作为迎宾的第一印象，并且利用 B1 的空间强化休闲设备，展现出透天别墅的生活价值。

设计总监 | 吴文靖
地址 | 新竹市培英街 2 号

SPACE PLANNING
空间规划

座落位置 | 桃园
建筑形式 | 透天别墅
空间坪数 | 190 坪
格局规划 | 1F 车库、LOBBY 式入口、SPA 区、视厅室、衣帽间、储藏室　2F 客厅、餐厅、厨房　3F 书房、主卧室　4F 二间小孩房　5F 和室
主要建材 | 雕刻米黄大理石、蓝钻大理石、安格拉珍珠大理石、肖楠木地板、乌心石木地板、比利时耐磨地板、壁纸、橡木皮、胡桃木皮、榉木扶手、榉木阶梯、琉璃、锻造铁件、ICI 涂料

卖座的好电影常见续集问世，而受到欢迎的好设计当然也有续场的机会。此次个案屋主其实一年多前才委托立禾设计规划了多达百坪的豪宅装潢，但因为房子地点好、设计更好，很快就有人出价买下，而屋主乐得转手后再购入同社区更大的别墅，不仅将房子硬体升级，装潢尺度也更上层楼。

大 LOBBY 设计开展入口的气派

这栋位于豪宅区的别墅建筑采用四楼半的规画，由地下停车场进入，为了改善以往别墅出入口不够气派的阳春感，设计师吴文靖特别在 B1 规划了大画面的装饰主墙来配置挂画，同时在主墙后隐藏配置了衣帽间、储藏室及电梯等，有如饭店 LOBBY 的设计拉升了整体质感，同时大型行李如高尔夫球具等拿取更方便，出入电梯的动线也更顺畅。此外，在这层楼还规划了专业视听室、设备齐全的 SPA 空间，以及朴拙美感的聊天区，让 B1 成为娱乐休闲重地，而且非重要客人也可轻松地在 B1 的聊天区接待即可，在安全及方便性上都有更周全的考量。登上楼梯可以发现设计师在梯间细节处理的巧思，触感细致的实木搭配花样图腾的白色锻铁设计更显优雅，而一楼楼梯间天花板以镂空窗花搭配灯光的设计也让此区的目光更有焦点。

1 2
3

1. 餐厅充分展现出别墅地处于边间的好采光与视野，典雅的餐桌、椅搭配着大落地窗景让用餐的气氛更明快。
2. 三楼梯间以矮柜取代护栏增加安全性外，也可顺手作简单小物的收纳，此外梯间灯饰让行走者更觉赏心悦目。
3.B1 的视厅空间，绝佳隔音规划及舒适环境创造专属的影音娱乐中心，提供更多元的享乐生活。

稳重色调与大器手法 风格不俗

一楼的客厅与餐厅藉由楼梯自然切分格局，双边如隔着梯间及拱门作串联，不仅使两区的景深可以互相延伸，在需要时也可关上餐厅门独立使用。前段的客厅以深色调展现稳重气度，大"L"形沙发与简约的电视主墙突显出现代俐落风格，搭配英式古典单椅与家具柜凸显人文气息。至于硬体上则运用层次丰富的线条来强调细腻工法，在此处也顺势将光源与空调一并规划入内。后段餐厅则充分展现出别墅地处于边间的好采光与视野，典雅的餐桌、椅搭配着大落地窗景让用餐的气氛更明快，而与梯间相邻的壁面则改以半穿透的琉璃主题墙做设计，在丰富整体视觉之外，也将屋主喜欢的元素加进其日常生活中。

1　3
2　45

1. 主卧室梦幻的白色空间，搭配精心组合的窗纱及长帘，展现温暖却庄重的英式风格。
2. 小女孩房则以浅蓝色为主，整体搭配更纤细古典。
3. 大女孩房主要采用粉绿色系来配合端景斗柜等装饰，左右则为更衣间及浴室门。
4. 柔美窗纱与丝绒单椅营造欧式浪漫的休憩空间。
5. 白色衬底的房间搭配花布软设计，展现维多利亚风格。

玫瑰镂刻与花样窗帘展现柔美设计

2 楼整个楼层被规划为主卧室，楼梯右侧规划为白色睡眠区，由于边间建筑的窗户相当多，为增加睡眠的安定感，设计时特别将主卧房及楼上小孩房的床背板采用活动式背板设计，避开床背后靠窗的禁忌。另一方面，在侧面的白色门板上则可见到下方以镭射雕刻的镂空设计，别致的玫瑰图腾也展现出女主人的喜爱风格。而整个空间的窗纱与长型窗帘设计更是一绝，搭配着欧式古典家具，衬托出贵族般的空间韵味。书房强调知性的空间氛围，内嵌式的书柜与素雅的线条让整体画面更为沉淀，而深色古典的家具则说明男主人的美学品味。3 楼规划为二位小孩房，设计师以粉绿及粉蓝色彩来做定调，略带美式乡村的设计风，搭配着完整的机能规划，给予孩子充满色彩与明快的舒适成长环境。

1
2 3

1. 书房采用内嵌式书柜来简化线条，并以洗白木纹的书柜搭配古典色彩家具，更现稳重。
2.B1 的 SPA 区内设备齐全、加上原木素材的自然芬多精、提供给屋主最佳释压净区。
3.B1 客用卫浴间虽空间不大，但个性的设计超亮眼、整体的舒适度与精致度丝毫不折扣。

Editor's Recommendation

>> 编辑最推荐

01 B1 LOBBY 营造饭店高质感

↓刻意规划的车库入口摆脱阳春感，取代的是气派舒适的大装饰墙，以及画作等摆设，同时藉此将电梯、衣帽间等琐碎画面加以修饰。

02 主卧室窗纱帘展现英式典雅美

↑不同于一般强调贵气的窗帘设计，设计师以轻纱搭配花色长帘，别有一般英伦典雅美感，也衬托出难得的好采光。

03 原木质感铺陈原味自然的休憩空间

↑ B1 的聊天区除了向户外藉景外，古朴的陈设让人放松，简单吧台功能方便在此处接待客人。

04 变化多端的和室机能设计

↑顶楼空间未作特定机能限制，因此在规划上朝休闲、客房等方向发想，除有架高木地板外，同时也规划可完全收纳的掀床、以及电动升降的和室桌，无论喝茶、游戏、休息或配合户外烤肉等都没问题。

DESIGN
STUDIO
NOTE 设计档案

立禾室内设计

抱持着"以梦想为规格的设计理念"，立禾设计团队早已养成站在居住者的立场来思考空间的习惯。无论是豪宅规划或者是温馨空间的设计，也不拘泥于任何风格，在设计总监吴文靖眼中，每个个案都是屋主现阶段心中最大的居住梦想，因此，唯有让居住者满意与整体机能的向上提升才是设计的最终目的。

设计总监 | 吴文靖　地址 | 新竹市培英路 2 号

Classicism & Modernism 沉醉古典 也享受现代舒适

为了让经典的美式古典柜与意大利现代家具同处一室，立禾设计团运用立体感十足的新古典线条来装饰空间，圆融地将屋主喜欢的元素全放入空间，也呈现出最能传达屋主风格的尊贵品味。

采访撰文 | Fran　空间设计暨图片提供 | 立禾设计

了解每一次受托规划新案，都是一个梦想的实现。因此，立禾设计团队总是尽可能地将客户喜爱的元素整理进屋主的生活环境之中，不轻言放弃屋主的每一个想法，同时鼓励屋主主动参与并关心自己的设计。

融入古典品味与现代美感

这栋位于桃园地区知名的豪宅社区，因本身已拥有悠然天成的采光条件，以及宽敞大度的空间格局，加上屋主一家四口组成人员单纯，在格局的需求上相当充足，因此，设计团队将设计的重点着重于屋主的空间品味及风格创造。

虽然男女主人各有工作事业，相当忙碌，但是重视生活品质的屋主，在百忙中仍关切设计，甚至在装修的过程中便主动地挑选了喜欢的家具，而设计团队也经由双方积极地沟通，很快地掌握到屋主既偏好古典质感，也喜欢现代风格的多元需求，为了避免让屋主有所遗憾，同时，考量夫妻平日均忙于工作，也无法花太多时间再收拾打理的现实问题，于是设计团队建议将硬体风格锁定在包容性高的白色新古典风格设计，简化了传统古典繁复线条，让空间展现柔美又不失优雅的氛围，同时还能适切地融入屋主喜欢的现代美感。

1 2

1. 客厅主墙除了将窗边结构柱以经典门板来包覆装饰，同时也针对美感、对称及收纳等作周密考量。2. 采光极佳的客厅，以诱人的美丽光影映衬出古典家具的迷人风采。

The different style's furniture in the neoclassic style's line, unfolds comfortablely is in sole possession of the esthetic sense.

SPACE PLANNING 空间规划

坐落位置 | 台湾 . 桃园　建筑形式 | 顶级豪宅　空间坪数 | 室内 100 坪　居住人口 | 夫妻及二位女儿　室内格局 | 入口大玄关 + 客厅 + 餐厅 + 书房 + 三间大套房卧室（含卫浴更衣间）　使用建材 | 胡桃木、柚木地板、贝壳拼贴磨光、黄水晶大理石、灰姑娘大理石、手工琉璃、白橡木皮、烤漆

立体壁板包容了各式风格家具

为了突显百坪豪宅的空间质感，在入口玄关采用价值不菲的黄水晶主墙来聚焦，搭配灯光与简约造型的玄关桌更能突显水晶墙面的尊贵质感，同时黄水晶在风水还具有聚财的意涵，使屋主更能认同这个区域的设计。

转入室内，客厅与餐厅左右对开的开放格局让整个视线大为开阔，突显了百坪大户的气势。而随着大面落地窗的宜人景致，视觉很快被带至白色客厅空间。配合家具的摆设，设计师将整个白色古典壁板墙面做三分切割，与妆点着水晶灯的简约天花板相互衬映，让客厅散发出古典却不失俐落的现代气质，而这样的设计最主要是配合屋主预先挑好的现代感沙发组、古典柜与单椅。设计师吴文靖说明，为了配合风格多元活泼的家具配置，在壁板的设计上特别强调立体感，有如柱体般的线条在灯光烘托下看似现代建筑，又具有古典的内涵，自然可以包容现代与古典的家具线条，使客厅内每个物件都有了最完美的烘托背景。

至于客厅主墙规划主要配合落地窗旁的结构柱体，为了呼应主沙发旁伊莎艾伦的古典家具柜，设计师特别订购了 Baker 的经典门片来包覆柱体装饰为假橱柜，同时在大理石电视墙另一侧以对称开放的橱柜来规划展示空间，让电视主墙在素雅中散发出简洁明确的美感。

1	2
	3

1. 书房以深木色来营造静谧气氛，再藉由极佳采光与橱柜之间白色线板设计来舒缓沉闷感。2. 设计师巧妙地将厨房及储藏室的门片改为琉璃材质，再搭配拼贴贝壳磨光的材质设计出亮丽别致的餐厅主墙。3. 格局方正的餐厅采用圆桌摆设，并在天花板采用间接光环、古典壁饰及水晶吊灯来烘托正式餐宴的气氛。

Use the design's power and transform the magic into the unique style. The designer put the human spirits into the space as the guideline to create perfect owner's house.

璀璨的餐厅主墙成为全室焦点

隔着玄关拱门造型的另一侧为用餐区，由于客、餐厅采用开放设计，因此，设计师特别将厨房与储藏室的两道门片改为具穿透性琉璃材质，加上灯光设计创造出有如装饰灯箱的效果，并在两门之间以贝壳拼贴再磨光的繁复工法来做成装饰主墙，搭配具垂坠感的古典水晶灯，使这道墙更为璀璨，成为整个公共领域的视觉焦点。而方正的餐厅格局中，除了主灯，还配合圆餐桌在天花板上装饰圆形古典饰板及环状间接灯光，让整个餐区显得更为正式；另外，两座对称的玻璃高柜及餐柜也让用餐区的收纳与展示机能大为提升，落实了立禾设计实用与美观兼具的一贯主张。

为了让空间层次更明确，包括书房在内的私密区与公共领域采用明确分区规划，而且每个空间以使用者需求来决定设计。独立的书房以深色柚木橱柜搭配白色线板来化解沉重感，展现出理性的静谧气氛。至于宽达20坪的主卧室，则将起居与卧房分区设计，大方地展现出法式浪漫的奢华美感；而女儿房明快、舒适的不同调性，如此灵活而不拘泥的设计手法也是让每位居住者都能住得自在又欢喜的最好设计。

1	2
3	

1. 有如一间小公寓大的主卧室，透过规划分为卧室及起居区，让卧室更具有包覆与安全感，而且增加生活机能。2. 以手工琉璃及窗纱等穿透材质隔开的起居室提供主卧室视听及聊天休憩的多元机能。3. 女儿房之一。轻柔的色彩与乡村图案的壁纸花色贴切地传达小女孩的特质，

In master room inland transportation with screen daily life and bedroom district design, and is outstanding the Buddhist ritual procedures romantic feeling by the furniture style.

ABOUT
STYLE 风格元素

1. 主卧室手工琉璃及纱帘增加古典浪漫

宽达 20 坪的主卧室利用手工琉璃与纱帘作隔间，分出起居室外，并调整空间比例，同时也藉此增加自然古典风格的元素。

2. 客厅订制侧边窗帘装饰盒

考量屋主不喜欢繁复窗幔的杂乱感，设计师特别在落地窗上方及侧边量身订作如壁饰般的窗帘盒，让窗景仅留浪漫美感，毫无累赘，也展现出设计细腻的作工。

3. 客厅梁柱化身 Baker 经典柜门

碍于建筑结构柱体，导致主墙无法延伸至窗边，因此设计时在主墙另一侧规划对称开放柜，并订购经典 Baker 的柜门来包覆修饰柱体，解决了问题同时展现风格。

人文风华 流动的音符

Residence 152

从 18 世纪第一次出现“Taste”这个字眼开始，所有和美学相关的行业，就已经注定要和自己不断竞逐，好让品味的层次持续向上提升。而这样的现象在空间设计的领域里格外明显，拥有西方建筑教育背景的八宽设计 Simon Sun 设计师也在东风西渐的浪潮下，从设计刻划外在形体美感的过程中；逐渐转向东方人文底蕴的探求，在 Simon Sun 设计师刻意淡化的设计力道，空间渐渐呈现出一种自然而然的舒适感。

撰文 | 林雅玲、Simon Sun　摄影 | 张晨晟　空间设计 | 八宽设计

客厅内的书龛，有韵律的白色线条分割了空间的倒影，在高精度的工法施作下，想要呈现的其实是一种悠然的人文意境。

一走进这座屋子里，清朗开阔的视觉印象，随着横向延展的大面开窗与流畅动线呈现眼前，恣意流动的光与风，便在起伏有致的空间情节不断延展，刻意跳脱制式思维的开阔格局，重新定义大尺度住宅的人文艺术。逐一从各个细节观察设计者不肯妥协的工艺坚持，事实上有着自我竞逐与超越的成份，整个空间彷佛素颜清丽的世家名媛，不必浓妆艳抹，举手投足间就能展现自身形于外的气质。

朗阔大宅的雍容气度

两条隐约的视觉轴线自玄关与厨房的石材门拱中点直向延伸而出，合宜的视觉动线规划有条不紊地串连起第一条轴线，从玄关 - 客厅 - 乃至端点的户外阳台与远方风景，第二条轴线则从半开放式厨房 - 餐厅 - 最后轻轻地在书房空间中落下，为这大坪数的空间带来流动且富层次的安定感，两处门拱之间的白色钢琴烤漆收纳柜内镶电壁炉可于提供适度的暖气，形塑家庭温馨感受的中心，也为这个宽幅的白色墙面营造四平八稳却又层次分明的跃动感。

1. 由玄关望向客厅，象征科技的机柜冲孔门片对比于风琴帘的柔和光感与幽邃景深。
2. 两条隐约的视觉轴线自玄关与厨房的石材门拱中点直向延伸而出，从玄关 - 客厅 - 乃至端点的户外阳台与远方风景，是空间中看不见的灵魂。

DESIGNER NOTES
设计师档案

八宽设计 - 菁英领袖住宅

阳光恣意的洒落，微风轻拂在人与艺术的介面，深邃得宜且大方的动静转折，轻松且自然地跳脱制式规范格局，静逸朗阔的氛围是大尺度住宅的艺术

设计总监 | 孙圣皓 Simon Sun
地址 |
台北市松山区民生东路四段 80 巷 11 弄 2 号 2 楼
台北县三重市重新路一段 50 号 4 楼

SPACE PLANNING
空间规划

座落位置 | 台湾、桃园
建筑形式 | 电梯华厦
空间坪数 | 105坪
格局规划 | 玄关、客厅、餐厅、厨房、书房、主卧室、长辈房、小孩房、三卫
主要建材 | 花岗石材、镜面不锈钢、灰镜、黑玻、夹纱玻璃、雪白玉大理石、莎士比亚大理石

透过电动风琴帘优异的断热效果，柔和明亮的光线洒落于客厅旁的白色书龛上，在端景沙发上的阅读便呈现出淡然的人文体验，而近景的雪白玉电视墙与下端的镜面不锈钢底座垂直衔接零落差的精准则是极简工艺的展现，除了产生视觉轻量化与稳定的效果外，电视背墙绵密的丝绒感，则让玄关望向客厅的视野，既深邃又充满想像力。

除此之外，视听机柜也精准的整合于书柜侧墙的冲孔散热门片内，搭配红外线 senser，让视听设备的控制更显得轻松自在，而电动升降的 120 吋视听布幕与高音质的音响则为这大宅的开放空间谱写出动人流转的音符。从公共空间延续而入主卧室的起居空间除了提供大量的收纳机能与沉淀一天的思绪外，也为廊道提供了视觉端景，与一旁静逸的睡眠区彼此互通生息，互不干扰、呈现大方的主卧格局。

1　3
2

1. 公共空间开放规划，除了丰富的视觉层次，更融合东方极简与低调奢华的深度意涵。

2. 第二条视觉轴线从半开放式厨房－餐厅－最后轻轻地在书房空间中落下，为这大坪数的空间带来流动且富层次的安定感。

3. 透过屏风旋转的开阖状态，厨房、餐厅与书房三者之间，使之成为一组复合空间变化的开放轴线，以简约手法呈现，象征圆融内涵的圆形镜面天花，则是“天 圆 地 方”概念的最佳注脚。

The design with floating and blank space. The purpose is to enable
the residents living in a multi-functional
and charming home and enjoying the quality life.

简约中的东方奢华

整体空间一开始是以简约的现代风格为切入点，但随着业主机能需求的多样化，例如经常在家中宴请十人以上宾客的需求，弹性而灵活的复合空间设计，便成为全案重点规划项目。女主人希望以优雅圆桌取代上餐不易的长桌，因此以“天圆地方”的概念，对应餐桌的圆形天花便应运而生，以六片镜面不锈钢板构筑的天花板，充分映照出用餐的欢愉气氛。餐桌旁三扇夹纱旋转屏风，透过屏风旋转的开阖状态，厨房、餐厅与书房三者之间，使之成为一组复合空间变化的开放轴线，让宾客们可以在书房及餐厅间自在穿梭或是让使用者静心阅读，书房摆放的两张现代圈椅，点出隐约的现代东方人文韵味，而以简约手法呈现，象征圆融内涵的圆形天花和水丝状垂坠的水晶吊灯为这东方情调又低调奢华的空间下了最佳注脚。

漫步于空间内，朗阔的氛围流畅得宛如一首现代交响乐，加上现代东方的人文气度淡淡呈现，在动线、机能、工艺及光影变化完美的平衡下，才能在 Simon Sun 设计师看似低调的设计手法中，赋予空间无限可能的宏观体验！

2
1 3

1. 两处门拱之间的白色钢琴烤漆收纳柜内镶电壁炉可于天冷时提供适切的暖气、形塑家庭温馨感受的中心。
2. 主卧室的起居空间除了提供大量的收纳机能外也沉淀了一天的心情。
3. 静逸的睡眠区与起居室彼此互通生息，互不干扰、呈现大方的主卧格局。

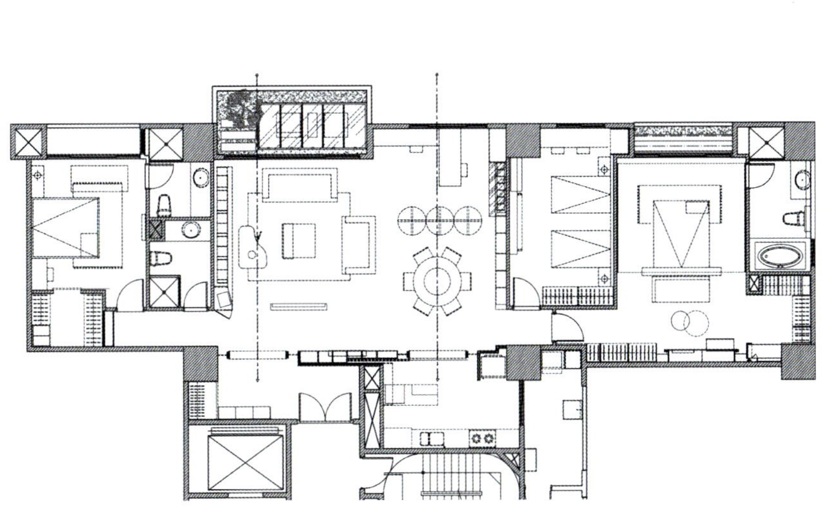

大气东方
MAGNIFICENCE ORIENT

凌驾奢华 再现磅礴空间

More Than Luxury

在亚洲地区，这几年来兴起一股追求奢华环绕的新型态空间，除了讲求材质与设计规划的双重延展，更取决于所谓的气度，类似于一个人本身拥有的气质，空间也有自己的灵魂魅力，而这一切都得仰赖于设计师的整体营造，从国际知名的豪宅操刀手杜康生的宏观设计中，看到了世界豪宅指标的缩影，一种源于气度的新风尚。

撰文|夏夏　空间设计暨图片提供|奥迪（国际）室内设计

拉大尺度的视觉设计，是 21 世纪新豪宅美学的首要法则。

1
2

1. 将稳重的气度导入至奢华之中，客厅呈现更加具有品味的优雅深度。
2. 将视觉焦点保留在客厅的主墙上，除了艺术品还设置出水晶端景台，呈现丰富层次。

一个人的韵味取决于气质的养成，一个空间的非凡，则是一种与主人相互养成的牵引，设计不再只是空间，更是一种与人之间的情感延续，设计师将主人的品味、气质纳入考量之中，展现的气度之美，让奢华跳脱字面上的解释定义，营造出适切的质感空间，就像是这栋位于南港精华地段的住宅区域，华而蕴含品味，美而久经耐看。

优雅的品味气度

空间的生成原本只是一个回归至零点的框架，像是水一般，装进什么型态的瓶子便会呈现出不同姿态的美。设计的根源亦是如此一般的道理，跟随着需求者本身的种种因素，每个空间都会幻化出拥有自己韵味的故事篇章，而这篇故事是否适合居住者，还得看设计师的功力，像是现今每个空间都以奢华为诉求的时代，要在同中求异之外，又能拥有个人自我风格，设计师一开始的定位显得格外重要。拥有多年豪宅设计经历的奥迪室内设计师杜康生，在国际间都可以看到他作品的踪迹，每每都能依循着业主的要求，打造出臻致的精彩场域，预先找寻到未来豪宅的品味形式，一股浑然天成的气势，彰显出入住者的格局，空间与人之间的巧妙持衡，让住宅成为一种艺术型态的延续。

DESIGNER NOTES
设计师档案

奥迪（国际）室内设计

品味生活中的微小细节，重视居住者处于空间的生命灵魂，放眼国际间的豪宅第一操刀手，因其过往规划的空间动人气魄与奢华氛围，成为豪宅首选设计师，感受到洗练的纯熟设计手法，在瑰丽的勾勒中散发出一股淡雅的人文艺术气息，从心出发，营造出兼具生活美学的顶尖豪宅。

主持设计师 | 杜康生
地址 | 台北市信义路五段 111 号 10 楼

SPACE PLANNING
空间规划

座落位置 | 台北市南港
建筑形式 | 实品屋
空间坪数 | 约为 80 坪
格局规划 | 客厅、餐厅、书房、主卧室、小孩房、客房、两套卫浴
主要建材 | 旧米黄大理石、深金峰大理石、浅金峰大理石、紫檀木地板

The house created a new style in 21 century's design. It's more than luxury style. You can feel more powerful and art in the space. And the kind of design will be famous in the future.

拉大视觉 享受豪宅尺度

豪宅在过去的印象中好似只有华丽的精雕细琢，运用极度奢华的材质，堆砌出空间的华美氛围，这次由杜康生设计师所操刀的住宅空间中，除了传统豪华的呈现之外，还拥有一股与之相符的气度与优雅，导入人文的淡雅幽香，像是一本耐人寻味的好书，抑或是一壶陈酿多年的老酒，总有股迷人的诱惑韵味，淡淡地在空间中低吟环绕。甫从客厅进入之初，除了以电视主墙的水晶为端景，成为视觉焦点之外，设计师更以宽阔的空间尺度，拉开豪宅应有的卓越气势，将邻近客厅区域的书房，利用半透视效果进行空间的模糊界定，看似独立生成，实则可相互串连，在玻璃围塑的空间之中，人的视觉得以拉大至空间角落，将场域的压迫感剥除，留下视觉的舒适延展，同时藉由此种手法，提升豪宅的层次设计，由外至内的氛围递层，慢慢地诱散出空间底蕴。

1 2
3 4

1. 天花上方利用层板的堆叠修饰，拉高空间的尺度观感，呈现非凡气势。
2. 用餐区域藉由艺术画作呈现人文美学，且以水晶灯饰与艺术糅合出不一样的时尚气息。
3. 保留宽敞的行走动线，除了让入住者感到舒适之外，并拥有降低压迫的效果。
4. 将原本的房间位置更改为书房，并利用透明玻璃营造出视觉穿透特性。

1
2 3

1. 淡雅的主卧区域，藉由浅色调的铺陈，让整体氛围更显轻松舒适。
2. 小孩房着重在机能的使用界定，并以矮柜区分出使用区域。
3. 客房部份延续与主卧室相近的色彩，静谧的设计语汇能够达到心灵上的沉淀。

层次分明的视觉设计

整体氛围藉由人文底蕴的累积堆叠，渐渐移转至每个公、私场域之中，多种石材的穿插运用，以沉稳的色调延伸，多一分温暖的调性，环绕着居住者，让空间回归到住宅的心灵层面。走至用餐区域，延伸客厅中的妆点元素，呈现一股结合风雅颂三者的质感样貌，并以拉门界定出餐厅和厨房的界线，再度放大视觉感官，让眼睛所及，将能感受到宽敞的生活动线，同时呼应客厅主墙端景的水晶装饰，餐厅亦在天花上方安置水晶灯饰，冉冉的耀眼光芒，如同进入时尚餐厅之中，感受不一样的氛围。

回到私密的卧室空间，利用不同的色调区分出公、私两种空间的界定，以淡雅的温馨色调，避免沉重的色彩营造出过多的视觉负担，主卧的浅色美学，反而营造出耳目一新的清新质地，舒适怡人的设计，让心灵能够在此完全沉淀。位于另一方的小孩房，由于坪数上的限制，设计师则是利用矮柜为区分，同样规划出睡眠区和阅读区，为每个空间都能呈现最完美的设计运用。

Editor's Recommendation

>> 编辑最推荐

01 拉出视觉尺度

位于客厅中的主墙，设计师以拉门效果营造出不同的丰富层次，电视墙可随着拉门而被隐藏或呈现，两边设置的艺术妆点区也因此可以随着主人习性，在不同时刻展示。

02 藉由设计放大感官

↓书房与客厅的区域，藉由半开放式的设计规划，以玻璃框架为墙面，让视觉可以延伸至更为内部的空间，增加场域中的舒适感官效果。

03 完整的空间配置

↓为空间充分利用做了最佳诠释，在主卧室区域的墙面后方，设置完善的衣物收藏空间，让所有的物品都能有次序地摆放在其中，更加呈现机能美学。

设计总监 | 吴金凤

创意总监 | 范志圣

DESIGN
STUDIO
NOTE 设计档案

彩韵室内设计

地址 | 桃园中坜市慈惠三街 125 号

Leisurely Club House 内敛与热情 悠闲度假之所在

空间里取材不少来自大自然的素材，透过不同线条的细腻编织，空间产生宛如度假般放松感受；同时在规划之初，屋主便以强调此空间做为招待国外友人来台时能舒适居住的居所，因此设计师便将这栋豪宅塑造成“度假品味的会馆”，加入不少屋主的珍贵收藏，悠闲氛围中散发着浓浓的艺术气息、品味屋主的丰富收藏与独具眼光。

采访撰文 | Jill Kao 空间设计暨图片提供 | 彩韵室内设计

The accomplished space used housing fuction as requirment and presents deep Bali style, primitive weaving skill applied on lamp decorations and wall surfaces make you feel like leisure vacation from vision.

有别于一般设计先将空间定义为休闲风情后，走向大量铺陈当地文化图腾细部装饰，使空间被太多物件占据，设计重心容易陷入复制风格的陷阱；彩韵设计在规划时，从心理层面酝酿"休闲"感受，实质面则从空间里引入良好采光，不做太多硬体隔间，空间互相衔接时以一种不矫柔做作的顺畅韵律节奏行进，让人沉浸于此都能感受到释压，真正享受渡假般的乐活放松。

大气格局下的悠闲视觉

从玄关进入，迎面的白色雕刻峇里岛屏风，莫不让人意识到整体空间调性由此为起点，原汁原味由峇里岛进口，摇曳生姿的树叶枝干造型，线条流畅刀法立体而不过份繁琐，三面一字排开作为玄关端景，加上地面上铺以进口窑变砖，透过切割比例拼贴手法让入口的大器与活泼调性俨然而生，同时呈现出略带轻盈的欧式风华，让人对整体视觉印象跳脱南洋风的层次，直接跃升至高质感的悠哉、休闲语汇。

进入主空间客厅，以竹皮缠绕金属条后染色的 6 只大型沙发座椅特别抢眼，圆弧状的枝条上铺覆着柔软的布面坐垫，展现韧性弹性的极佳特色，与厚实的大理石茶几相对比，同样净白，一暖一酷，冲突得让人爱不释手；同时电视墙面采实木喷砂方式，突显木质纹理的粗犷味，设计师透过强化或是柔和的拿捏手法，将各种素材的同质与异质性辅佐相衬，无形间调和空间的气氛。

客厅以白色齿状天花板所构筑，空间被拉得深长却又显得白净，设计师强调不以封闭式的门框作为局部空间的量体界线，因此透过柚木包覆的柱体或收纳柜体的门片，构彻出客厅空间的尺度，以木质的不同深、浅及白色进行交织点缀，空间无一处显现沉重感，只有自然、热情与悠闲正在不断地上演。

SPACE
PLANNING 空间规划

坐落位置 | 桃园县南崁　建筑形式 | 独栋双层别墅　空间坪数 | 室内使用坪数约 180 坪　格局规划 | 1F：玄关、客厅、起居室、餐厅、厨房、1 卧房；2F：起居室、3 卧房、卫浴　主要建材 | 窑变复古砖、砂岩壁砖、进口海草编织壁布、竹编、绷布、柚木木皮、柚木实木地板、黑铁烤漆、大理石、硅酸钙板、复古花砖

1　2

1,2. 透过格栅与一旁较为正式的客厅做呼应，以砂岩壁面、木条天花板与牛角扶手藤编沙发组合出的起居空间就显得休闲许多，此区也增加整面能陈列屋主的个人艺术品收藏空间。

沉浸于怡然品味的知性艺术

与客厅相对照的，则是在格条状屏风后方呈现较为休闲的第二客厅，视觉穿越过艺术家陈绍宽的"水月观音"铜塑作品，就是让人更感受舒压的起居室。在此处天花板改采深色木条与客厅的白色成对比，而后方整排的格状镂空展示柜墙更是与镂空的格条栅相呼应；若由客厅望去，也才恍然发现，原来特意以"水月观音"作品领军在前，其他艺术品在后所进行的另种相衬，是以如此协调的前后景作为互映的线索。在这间既可作为屋主来此小住或是朋友来访时居住的半正式会馆，设计师规划出几处能够随意阅读、谈天聊地的局部空间或角落，能随处可见屋主收藏的画作与艺术品；或许透过艺术手法作归类，能够统整出品味与况味两大主题。中国风主题的铜雕等艺术品收藏，可以感知屋主对于艺术的雅致偏好，画作多以自然景物为主，大面艺术画作的存在，让艺术不仅止于点缀，而是居家的一部份，当访客欣赏于艺术作品，挹注于空间的知性比重就时刻增加，让空间在休闲体现同时，也有内敛成熟的重心凝聚。

编织元素展现家饰丰富表情

除此之外，我们可以发现设计师大胆使用不少南洋风元素，在起居室中以砂岩拼贴出大型壁面，同时也能在起居室与餐厅家具、灯饰中寻得各种海草编织或藤编制品的踪迹，透过元素原生具备的天然纯朴及优雅所展现南洋 Villa 效果，转换成享受心情转换的绕指柔情，为此才是设计师所希望完成的细腻考量。当餐桌桌脚也以手工再进行包覆增加编织面积，以及藤编沙发上的布料抱枕等装饰品，透过素材混搭，编织不再是表达某种风格或是呈现编织工艺天然之美的用途，而是藉此提供给空间更多丰富且适当的表情，传递恋家、休憩与舒适平静等心情。不同于一般双层居家住宅的设计有公共区域和私密卧房的强烈区隔，一、二楼中均设有让宾客留宿的卧房，因此连结两层楼的楼梯成为空间里重要动线；面向一整面大落地窗、宽广的楼梯，设计师以铁件烤黑漆为栏杆把手，柚木包覆的梯面，展现沉静稳重，转角处上方的灯饰设计，让两层楼的风格更为紧扣无落差。若不说破，其实在空间里藏有不少精致小物件均出自彩韵团队的巧思加工，如此也让人见识到，透过独特的细节妆点，空间的表情就瞬间转变，成为朋友来访时惊艳不已的重要话题。

Providing the function of leisure clubhouse when friends visit, design several independent and private spaces like a single bedroom and a living room to enhance the flexibility of the space.

1 2
3 4

1. 雕塑家陈绍宽的作品与漂流木为主体的桌面，以艺术感串联两个空间，也增加线条的丰富性。2. 透过设计师的巧思，以海草编织包覆餐桌的 4 根柱脚，增加南洋风情的元素比例，一张独一无二的餐桌于焉形成。3. 以镂空的展示柜体增添空间的艺术气息，透光性活泼空间，不会过于沉闷。4.2 楼起居室以复古门片和端庄摆设，铺陈宁静氛围。

机能与浪漫调性兼具的度假之所

宾客留宿的卧房风格延续、楼客厅与起居等处，在床头板、床头柜及床铺等大型的家具上，采用竹编、海草等不同植物纤维元素编织，展现丰富多元的深浅色泽与软硬度，元素本身蕴藏的韵味便能从中流泄。

让空间主轴能维系简单清爽的感受，设计师着眼于大型家具配置，不使用太多琐碎的装饰品干扰大方质感的休憩设计，让轻松温暖的度假主题能全然展露无遗。2 楼卧房旁的起居室，元素铺陈并无太多改变，但巧妙地透过绿植摆置与色彩比例上的调整，古朴中散发优雅与静谧。以会馆功能为主题所格局出的宅第，牵动着设计师的设计方向；不拘泥于琐碎细节后，作品展现出的大器，无论对外迎接远道而来的朋友们在此度假还是屋主偶而小住，或是作为朋友相聚欢畅的场所，完善的机能收纳绝对符合度假生活之所需，而丰富的艺术臻品所烘托出的人文气息，与触感温暖的南洋编织元素，更作为触动心灵在此优游自在的最佳共舞的舞伴。

1
2 3

1. 自然光线形成明暗角落，透过能提高温度的素材作搭配，调和出能让心灵释压的轻润空间。2. 将床头后方的百叶窗片喷以白漆，整个卧房顿时明亮清爽。3. 接收大量采光的浴室全日均能保有干爽，使用时有仿佛出国度假的愉悦感受。

1

ABOUT
STYLE 风格元素

1. 木质毛细孔展现粗犷感

实木片经过喷砂后，毛细孔较软与较硬的地方分别产生更为明显的木纹纹理凹凸，设计师将这种木料处理后的特性应用在客厅的电视墙面上，是相当特别的手法，让层次更为分明，触感与视觉也能感受到温润与粗犷兼具的风情。

2. 原汁原味的休闲度假风情

从玄关开始，设计师就以由峇里岛运回的3片相同叶片图案的白色雕刻屏风，让进门后的第一视觉就感受到所欲传递的休闲度假感受，醒目、原汁原味、清爽，更展现质朴纹理之美，加上地面上选择铺设窑变砖，独特纹路中富含深度的石材美感。

3. 楼梯转折处韵味铺陈

衔接双层空间的楼梯，柚木包覆出的踏面与烤漆黑铁件结合出的沉稳楼梯区域，上方角落缺少一个视觉延伸的完美句点，因此以手工扎束干燥花，上头以圆形双层铁件为框做成的吊灯，让转折过场处的垂直与水平间凭添不少韵味质感。

2

3

Heritage Forever 贯穿一种永恒的美好

所谓的豪宅，不是都非要崭新奢华，再藉品牌与金钱堆叠而出一种气势，其实豪宅可以是种生活态度与精神的回归，让空间与人越加密切结合，从中感受生活的美好、空间的舒适，回到家身心全然舒放。这也就是为何丰彤设计师张书源接下这空间规划的缘故，他想一改既往认知，使豪宅呈现静雅自得的富饶感，铺陈能跨越时间性、空间感的隽永韵味。

采访撰文｜Yves　空间设计暨图片提供｜丰彤设计

DESIGN
STUDIO
设计档案 NOTE
丰彤设计
设计师 | 张书源
地址 | 台北市长安西路 322 号

SPACE
PLANNING **空间规划**

座落位置｜台北　建筑形式｜7层独栋住宅的5、6楼　坪数｜98坪　室内格局｜3厅、3房、3卫、2书房、洗手间、储物间　使用建材｜石英砖、柚木、花梨木、橡木、玻璃

1
2　4
3

1. 全室不少地方藉艺作、植栽装饰，像玄关悬挂屋主女儿画作，让居家空间投射生活情感。2. 公共领域维系一股简约清爽，当中陈设屋主旧有家具，让生活空间也能传承历史情感。3. 餐厅与厨房间设计大尺寸推拉门，其上也做造型装饰，从细节堆砌空间品味质感。4. 开阔连贯的公共空间，天地立面讲究静谧素雅，电视主墙选择柚木，凝聚温馨质地。

Spatial movement encounters a rich amount of calm ambience. Wake up all the perceptional organisms.

空间设计不再只把空间布置好，而且还着重视觉上的强烈感受。如果还能够突破空间本身限制，触发其他生活感官的知觉，才真正使设计为人所善用。像这一位处于台北精华地段，7层独栋大楼中5、6楼的住家，屋主父亲本身从事建筑业，整栋格局、建材均经由多年配合的建设公司定案，能够发挥的空间其实不大，而丰彤设计师张书源之所以愿意接下挑战，在于他认为空间条件虽有所设限，但空间与人都是活的，豪宅也不全由物质堆砌就好，如果提供一种隽永情境，不管何种风格的家具、家饰陈设都能和谐相融，那就能促使空间与人越加亲密，进而积累跨越时间性的独特价值。

跨越时代性的隽永设计

当空间与使用者越加密切结合，设计上也就不必总向外模仿他人经验，足以创造出相符自身的新意。所以丰彤设计契合成长在书香门第、有严谨家训的屋主，对空间规划始终秉持不豪奢、不浪费原则，希望在既有空间基础上，满足屋主对家的基本渴望，不多加无谓累赘的设计元素，透过减法与节制手法，打造一个人与空间关系恰到好处，回到家倍感舒放无压的生活情境。

因此开放格局的公共领域，张书源设计师首先将不必要的东西加以隐藏，再透过悬挂画作、地坪材质不同，营造无形区隔，界定划分各自使用区块。接着着重细节推敲，无论家具、画作或立面修饰，都做足质感表现、不流于空洞，尤其屋主提出想让住家犹宛若扬州博物馆，既呈现静雅自得的富饶感，又配置恰到好

1	2
	3 4

1. 整体空间藉无形区隔，界定划分出各自使用区块，让宽敞格局依旧井然有序。2. 卧室延续明亮清雅路线，全室铺设橡木地板，视感沈稳幽静。3. 主卧设计整面推拉门，修饰立面表情，也避免卧床直冲大门 4. 考量屋主有众多衣物，设计师规划一收纳机制多元完备的更衣室。

处的物件陈设，纯粹藉质感孕育跨越时间性、空间感的不朽韵味。所以简单的家具配置，设计师特别延用屋主旧有 20 年历史仍完善的知名品牌沙发，并且保留旧屋楼梯扶手的珍贵实木，以榫接技术变身 180 公分长几新貌，透过赋予新生做法，传承家族历史情感，又兼顾设计质感与生活需求，让空间不被物件、时间制约，进而建立自在与自信，就算住家少了或多了什么东西，也不会破坏和谐平衡的状态。

交融空间与使用者生命情感

除了藉由家具传承家族历史与提升空间精致度，鉴于地板和泥做等基础工程都无法做更动，张书源设计师就氛围、木作、实用机能做进一步铺陈，替居家增添舒适惬意。像开放连贯的客餐厅，不似一般居家配置，整面电视墙偏离中心轴线设置，并以像门的做法加以包装设计，让它可以左右偏角移动，无论在客厅、餐厅都能轻易观赏；至于内部空间也不闲置，规划视听橱柜收纳，不单做隐藏式设计，视听电线、网路线等都预先梳理整齐，再经细心巧思连串至可旋转电视墙，虽然施工复杂困难，却造就便利生活。

另外，开阔公共空间之中，视野清雅无碍，使得餐厅天花垂缀的百合灯形成视觉焦点，当初挑选这盏灯，是因为屋主是虔诚基督徒，有感于马太福音第六章节，提及野地百合勉人勤奋谦卑的启发，所以一看到百合造型吊灯，和设计师讨论后，决定将之陈设家中，除增添居家光影变化之美，也体现造物主对生命、生活的恬淡喜乐之情，造就整体公共空间，因有了使用者情感注入，流露脱俗非凡、不豪奢却高质感的品味基调。

重视细节堆砌出大器风范

丰彤设计总因时因地因人，在设计风格上有不同呈现。做为医科主任的屋主，工作时要专心专注，回到家自然希望没有医院般冰冷紧张感，所以张书源设计师在 6 楼卧室大量使用橡木，营造静谧优雅之感，特别是使用粗糙感木质，让空间维系简单俐落，流露某种触感温度，彰显内敛细致度。至于动线与格局配置，也延续开放格局，藉无形区隔划分睡眠区、书桌和更衣室，并因每层楼都有独立对外门，设计师替主卧规划整面拉门，不会有卧床直接冲门的顾虑，也由于是采用造型墙做法，有齐平修饰视觉的效果。一旁阅读工作区，则将巧思放在书架柜上，以两层复式设计大幅增加收纳量，左边门板内部有隐藏式橱柜，右侧书柜可左右移动，延伸收纳机制至内部，使整体空间综观典雅，细看更见所有环节皆不马虎，相衬出大器又质地精致的人文风景。

1

1. 小孩房走明亮清雅路线，实木地板增添温馨感，让私密角落沉稳宁静。

ABOUT
STYLE 风格元素

1. 摆置艺术品替空间加值

提升居家空间价值，凝聚跨越时间不朽的空间美学，少不了透过艺术品妆点摆饰。在开放格局的公共领域，设计师与屋主共同挑选几幅字画画作悬挂于墙，或作为无形划分区域的中介，或作为视觉焦点，像客餐厅中间，一幅享誉国际书法家董阳孜的字画“一以贯之”，相映整体雅致气氛，也增添人文意境。

2. 巧思赋予旧元素新生命

有些东西旧了，不代表就没有价值。张书源设计师对屋主原住家的实木楼梯扶手，一眼就看出其价值，除材质珍贵现已鲜少可得外，还预见它能展现新面貌，相融于新的住家空间，所以他透过榫接方式，使扶手组构成 180 公分的长几，摆置窗边，活化空间也传承空间情感。

3. 活动式电视墙增添便利

宽敞公共空间，跳脱以往中心轴线的格局配置，设计师把电视墙规划在客餐厅中间，再巧思设计可左右活动调整，如此无论在客厅或在餐厅都可轻易观赏，增添生活便利。设计师配置隐藏式橱柜，所有视听网路管线统整在内，齐平修饰视觉，维系一贯的清雅俐落。

4. 双层复合式收纳大满足

屋主夫妻俩平时喜爱阅读，拥有诸多藏书，对收纳部份自然特别重视。张书源设计师在主卧书房角落规划整面书柜，除了第 1 层开架式柜体，内部还有另外 1 层，等于是复式设计大幅增加收纳量，像左侧门板打开内有收纳柜体，右侧 3 书架可左右移动，拿取储放后方的书籍物件。

1

2

3

4

Created Unique View 一户一院 大器风华宅邸

千万别以为所有值得累世收藏的好房子，都只出现在几个屈指可数的首善之区。其实有许多原本就已相当繁荣、人口密集、交通发展潜力也十分优越的卫星都市，其中的精华地段只要经过适当的更新与整合，居住条件与生活品质比起大台北都会区，甚至有过之而无不及，换句话说，以时间换取空间，不仅可以在更经济的条件下，享受好上数倍的生活空间与视野，若再加上优越空间规划的加持效果，理所当然就成为让许多人心甘情愿离台北出走的绝佳理由。

采访撰文｜林雅玲　空间设计暨图片提供｜杰挥室内设计

DESIGN STUDIO NOTE 设计档案

杰挥室内设计有限公司

设计总监｜苏晋辉　地址｜桃园市中正路 1416-1418 号 11 楼

The design of furniture is aimed at demonstrating the continuance as well as the human-centered conception.

1	4
23	

1. 涵盖整个客厅的菱格纹天花造型，在灯光的烘托下，呈现生动的立体感，是低调却格外精致的意象传递。2. 视野辽阔的阳台院落。3. 充满人文气息的摆设，为空间加分不少。4. 气势恢弘的沙发背墙，在美式古典线条的墙面前，摆饰东方宫廷味十足的描金屏风与桌灯，展现穠纤合度的混搭风情。

这处设计案与一般大坪数住宅最大的不同，除了建筑体本身拥有三铁制震；化解结构剪力的高规格安全设计，另外就是设计者定义生活方式的深度与丰富性，有着独一无二的见解。不仅还给空间最接近自然的无压环境，当然还有高人一等的开阔气势，整体意象透过美式风格发想而成的混搭新古典，穿插跳跃式东方富丽的符号象征，在干净俐落的手法中，打造出力道雄浑且鲜明的环境特色，这些藉由空间实景与各种美学元素交织、融贯的精湛画面，在强调人文的重量与质量，同时也暗示着未来豪宅发展的新趋势。

平面别墅 稀有都会庄园

考量建地取得不易，许多别墅住宅要不就远离人烟、交通不便，要不就单层楼面狭窄、分割零碎，难以展现独门独院应有的大器姿态。本案平面别墅，一户一院的创意打开视野，让空间有机会尽情与人们对话，因此从阳台进门开始，就仿佛进入一处与自然声息与共的迷人世界。动线行进于半户外的树影回廊之间，开阔的空间感伴随带状延展的美丽庭园景观，一路导引至尽头处；地板略微高架的休闲区与进入主空间的玻璃门前。

开放规划的公共空间着墨上相当大器，设计总监苏晋辉十分重视细节的质感与大方向的整体性，主要立面以安静、干净的米白上色，避免过多的装饰图腾与线条造成视觉的压迫，关键处点缀焦点式 Art Deco 元素，让块面的气势与材质特性相辅相成，带出大宅应有的沉稳与独特。

由拉齐天际线的加大玻璃门进入客厅，上下透光度不同的窗幔适度过滤入户的天光，并能凸显布料本身的精致纹理。刻意线条简化的主墙造型两端壁立对称，融合上方带状茶镜，倒影菱格纹交织的天花板图腾，有效拉宽水平视觉深邃的广度，而必要的视听设备未来会集中到左侧的机电柜中方便管理。其次，主体以大理石美丽的天然纹理勾勒出立体层次，利用整块大理石纹本身的美创造看不腻的风景，不需要其他的多余装饰物，就已经完成入门第一印象的深度演出。“平衡”是本案另一项重要的观察点：电视主墙的干净俐落搭配全室量身订做的古典家具，无论在色彩或质感上均能相互辉映，但仍然需要其他力道辅佐，才能刻画出深浅有致的空间层次。因此沙发背墙运用了对齐主墙高度，大尺度且东方色彩浓厚的活动折叠屏风，在犹如描金窗棂的复古风情中，穿插线条的曲折与光泽，中西合璧收放之间的权衡，让混搭的空间艺术尽情发声，属于美的层层感动。

The design catches the hostess preference of American Classical style. Thus, this project of modernity merges the elegant American classical and the culture of oriental Zen. The experimental mix-and-match feature is well presented in the space.

兼顾生活情调 人性化餐厨区机能

利用分区天花造型修饰梁柱并划分客、餐厅的使用性，让实际开放的公共空间依然保有机能分配的井然秩序。隔着两侧对称，并以天然石材精工包覆的精品餐具柜、实用餐台分野的餐厨区设计，展现过人的时尚美感与实用人体工学，与餐桌上方一盏明亮的水晶灯饰，共同酝酿出浪漫而轻快的休闲气氛。餐桌旁的造型墙使用对称元素修饰立面的整体性，包含两边半透明镜柜，其中左侧用来修饰制震系统外，线条的对应有效丰富视觉，创造端景起伏的个性美感。

除此之外，拥有一座机能齐全又宽敞的美丽厨房，应该是许多人尤其是女人毕生的梦想。而在这处呈"L"型机能分布的白色厨房工作区内，涵盖符合现代人餐饮习惯的轻食、熟食双厨主张，明亮洁净的空间感深受使用者喜爱，尤其是面向餐桌的中央餐台，兼具送餐口与家电柜的实用创意，让女主人可以和坐在餐厅的家人、亲友一边聊天，一边优雅地做出一桌好菜满足大伙儿的口腹之欲，为欢聚时光平添色彩与情调，成为日常生活最迷人的一部份。

SPACE
PLANNING 空间规划

座落位置 | 桃园．中坜　建筑形式 | 电梯华厦
空间坪数 | 约 100 余坪　室内格局 | 4 房 2 厅
使用建材 | 天然石材、人造皮布、茶镜、秋香木染灰、柚木海岛型地板

1

1. 开放规划的客、餐、厨 3 区除了展现不凡的大宅气度，更拥有开阔的视野与段落分明的生活机能。

气质优雅的独享时光

进入卧室区前必经的走道设计，丰富的情境灯光加上特地将门框高度拉齐至天际线的技巧，成功地化解封闭走道衍生的幽暗与压迫。4 大房绰绰有余的尊荣格局，其中还包含几乎全套房的机能性，为独享的私密情调，增添更多的舒适氛围。其中主卧室配置专属阅读区、更衣间、卫浴等完备机能，床头圆融的团花图腾，与一旁用来屏障大门视线的水晶屏风相呼应，表现鲜明的个性时尚，四边墙面以美式古典立体线板做背景，精选多元材质与订制家具搭配，同步礼赞主人的非凡品味，床尾墙后规划更衣间与超大浴间，开架式的层板设计在取用或收纳时都很便捷，而全大理石打造的奢华浴室，则代言人生的至高享受。优雅的长辈房以皮布的丝光质感衬出两侧茶镜的摩登，两者在边缘照明的烘托下，以序列的线条刻画稳重、内敛的视觉效果。小孩房洗炼的现代感，成就醒目的视觉焦点，也将主人的独特气质表露无遗。

欣赏全案，优雅的气度在这个设计案中格外明显，视线游走于俐落线条与浓纤合度的混搭美学之中，条件宽裕的开阔平面，展现出一种非凡的大器风采，完美布局的视觉比例，赋予空间盎然的原动力，彰显主人独特的品味外，同时导入令人观之神往的生活氛围，这些美仑美奂的专属设计，为居家艺术注入魅力无限的情味与生命力，让生活从此更具价值感与启发性。

1. 同样气质雍容、舒适的长辈房享有主卧规格，床头以皮布的丝光质感衬出两侧茶镜的摩登。2. 主卧室进门处以一面特制的水晶帘，营造浪漫且若隐若现的通透效果。3. 主卧室床头圆融的东方团花图腾，与特制的家具寝饰相辉映，表现鲜明的个性时尚。

1

ABOUT
STYLE 风格元素

1. 精确计算的灯光计划

情境光源的设计，在空间里就像女人化妆的理由一样，除了特别搭配的特殊灯饰，在不同的需求条件下，配置的光源都经过精密的计算，不仅营造视觉的美感、情境的背景氛围，在需要照明时，依然能确保使用者得到充足的亮度。

2. 浓纤合度的 Art Deco 元素

合宜的家具与软装配置，对空间的整体风貌有着决定性的影响。全案除了量身订制、线条简化、体态却格外优雅的古典风家具，点缀其间用来画龙点睛的软装配置，聚焦的功力也不容小观，例如长沙发两侧的宫廷风味立灯，银色古典烛台、花器、中式描金屏风、团花图腾等等，都能为空间的丰富与深度加分。

3. 兼顾沉稳与结构趣味的对称元素

各式不同材质的对称元素，出现频率相当有秩序，是串连前后设计感的重要工具。例如沙发背墙中式屏风、电视主墙两端的包折石材立面、餐厨间的餐具精品柜、餐厅区的背景墙等等，简洁俐落的线条美学点出混搭主义精华，在美式古典为主的情境中相互辉映，表现深富质感却优雅动人的名门风采。

2

3

设计 通往美好生活

Wonderful Life

设计者不该受限于空间的条件，而是尊重既有的因素而加以利用。大祈设计团队在这个注重整体概念的建案样品屋中，首先以深掘建筑本身条件为主要思考，除呼应建筑设计理念，更要传达住宅美学，将空间每一个规划作为室内设计发展的基础，使这个空间成为启发生活美学的开端。

撰文 | Fran

空间设计暨图片提供 | 大祈国际设计事务所

整体公共区域以水平线条铺陈的面贯穿全室，充满通透的简约质感。

A daring get away from the customer's subjective space impression, strong communicates the architecture and selling concept of the idea that "design makes better living". Through the art image, elegance feeling of material, decoration art method, and lead house buyers pass to wonderful life and unlimited imaginations...

"L"型落地窗 呈现轻透流动感

对应建筑物原有"L"型落地窗的垂直分割线条，设计上主要运用垂直方向的线条，以及水平线条铺陈的面来贯穿全室，使得原本厚实的壁墙转化为轻盈通透的质感，进而凸显出建筑大尺度开窗面积所呈现的轻量化空间感。同时设计者大量采用垂直与水平光带，也巧妙削减墙面与柜体的量体比例，使整体空间呈现轻透的流动感，并流露出丰富的灯光表情。

1. 客厅沙发后方放着懒人座区，为"L"形落地窗配置可凭窗赏景的角落。
2. 隐约存在的水平线条由落地窗延伸至地面，与实体的垂直窗框及墙面形成对话。
3. 客厅与餐厅的开放格局增进家人之间的亲近感，而低背的家具配置则使情绪放松。

DESIGNER NOTES
设计师档案

大祈国际设计事务所

强调原创性的大祈设计认为室内设计是艺术，却不是纯艺术，而是与生活更接近的应用艺术。必须是符合机能的实用需求，提供舒适感与提升生活品味，进而带来美学与愉悦的感官享受。而设计的迷人之处在于作品的完成所带来的感动，因此设计之源也应该来自于人的感受。

地址 | 新竹竹北市成功八路 285 号 1F

SPACE PLANNING
空间规划

座落位置 | 新竹市
建筑形式 | 样品屋
空间坪数 | 38、47 坪
格局规划 | 客厅、中岛餐厅、厨房、主卧室及房间、景观平台
主要建材 | 大理石材、木地板、百叶窗、铁件、玻璃、地毯、磁砖

材质 光源及色彩的虚实魔力

除了更进一步剖析建筑的设计概念，在室内空间的规划上，设计团队勇于打破一般人对于隔间的既定思考，以玻璃外墙对照石材内墙的颠覆手法重新诠释墙面意象，并融入设计美学的考量；其次，运用下方穿透的电视墙模糊隔间的虚实概念；此外，以玻璃、百叶帘组合若隐若现的墙线，以及发光的漂浮床铺、近乎梦幻的白色空间等设计，触动并引导参观者对设计的新体验，也呼应设计者一开始强调的传达生活美学，启动设计发展基因的原始意念。

1	4
2 3	

1. 廊道底的大理石墙与聚落的花型灯光点出设计的精致，让整个空间有如装饰艺术般地优雅。
2. 比例完美的浴室长窗留下长长光影，而展示的卫浴设备也别具造型感。
3. 色彩质朴的卫浴空间搭配数十盏摇曳灯光，点燃幸福火花。
4. 双面采光的大主卧室，加上与和室之间轻巧的推门设计，增加整个空间的通透感。

将美学画面落实生活之中

秉持设计是与生活紧密相连的应用艺术，大祈设计透过建设公司样品屋的规划，大胆摆脱看屋者对空间范畴先入为主的印象，强烈传达「设计让生活更美好」的建筑理念与销售概念，透过美学的画面、优雅的材质感受、装置艺术的装饰手法，引领购屋者通往美好生活的无限想像中。

1. 此一画面让参观者不用言语即可感受这为幸福而生的设计豪宅。
2.3. 生命就该浪费在美好的事物上，有了如此栖身空间，谁还愿意流连在外。

Editor's Recommendation

>> 编辑最推荐

01 卧房花漾壁面实现梦的奢华

←白色的花漾壁板与台面上画一的纸鹤装置艺术，搭配灯光运用，美丽得令人印象深刻，即使素白也让人感受到如梦般的奢华。

02 卧房门与灯光点缀空灵优雅

→与和室仅有一门之隔的卧房空间，运用东风西用的美学意象，以简单花影图腾门片，以及梦幻花型灯光，传达出空灵、优雅的设计美感。

当品味沉潜于优雅从容

Leisurely Taste

穿过自然，踏着优雅步伐伴随着明亮入内，尽情地徜徉在从容氛围里，品味沉潜于精雕的气质之中，以暧昧含光取代大鸣大放，简炼的线条所包覆的是建材、家具的精挑铺陈，大尺度的运用打开空间的雍容气魄，阅读黄静文的作品，总是如此的自在、舒适与恰到好处的视觉比例，生活在此感受的尽是发自于内的品味飨宴。

撰文 | Winnie　空间设计暨图片提供 | 黄静文空间设计

两道包覆深色藤编纸的灯柱立面，成为开放式餐厨的入口象征。

The owner has the broad perspective and infinite beauty of a better life, you can enjoy elegant taste at home every day.

对于生活，你的渴望是什么？是回到家感受的一份宁静，还是沉潜于无形的品味，即使被称作"经典"，依旧可以很有个性，摆脱世俗华丽繁琐的期待，而是发自于内的独有气质，一分一毫都是恰到好处地被置放与架构，没有多余与累赘，只有令人动容的优雅与从容。

当简约与精致对话

这是新建华厦的一楼，因为拥有前后院的好采光，明亮成为空间的最大优势，因此在格局的安排上尽力保留每一扇窗，阳光与清新自由地穿梭流动，串连起公用场域的大方气度。与之呼应的是线条的简炼，精准搭配的是切割的力道与用材的细腻，无论是大片选用或家具设计，精致的独特质感完美地坐落其中，极大的视觉张力倚靠的是设计师对比例的敏锐掌握。转折的玄关是为了打开视觉做预告，也是住宅的起点，紧接的廊道连结起客餐厅、卧室，直到主卧，天顶以手工壁纸作重点照明的优雅引导，使整体动线条理分明。

踏进客厅，视野豁然开朗，与明亮相伴的是手法的精简铺陈，没有乏味的冗长对话，一袭意大利的名品沙发 Poltrona Frau 占足份量，经典设计的韵味就是精采内容；而沙发所背靠的墙面，则是选择特殊文化石，保留着天然生物沉淀，加上切砌的尺寸变化，壁面在简洁中丰富了空间趣味。相较于沙发区的经典而精致。电视墙面采用独立的半柜巧思，刻意压低放大天顶延伸，同样也将户外广大绿意延续入内，打破内外藩篱后，成为最美的空间端景。

1
2 3 4

1. 电视墙面采用独立的半柜设计，刻意的压低放大向天顶延伸，打开公用区域的开阔。
2. 前庭采用南方松铺陈，刻意垫高的平台提供居住者最佳的休憩角落。
3. 玄关涵盖的区域包含更鞋区与客用卫浴，转折的动线有着柳暗花明的层次起伏。
4. 壁面是特殊的日本用材，如镜面般，光可鉴人。

当优美与和谐共舞

当简单来到美食天地，化身为优雅的和谐，将主角还给美味的感官体验，享受结合视觉、味觉、嗅觉的丰富盛宴。从客厅跨越中心廊道，两道包覆深色藤编纸的灯柱立面，将禅风的优美恬静过渡至开放式餐厨，酒红的顶级厨具Poggenpohl，发挥了德国设计一向的简洁精致，与深褐色餐桌区、铁灰色料理区、紧邻的屋外绿意，交织出低调却细腻的和谐姿态，禅风、简约、东方、自然的混搭，在黄静文设计师的精心安排下，不见一丝突兀，而是全新创立出完整的空间个性，共舞出美好的生活态度。

延着走廊则是私人领域的各个入口，此处贴心地作画轨设计，能够让主人展示钟爱的字画艺术收藏；廊道尽头的原木端景正是主卧入门，属于私密天地的卧室更以简约的原味彻底落实静谧的休憩需求，保留着大面的环绕采光，床头开窗则以活动的四片实木拉门作为修饰，灵活地切换遮蔽与敞开；与天花衔接处的悬吊式线板则是唯一的花俏装饰，不过度夸耀自己的存在，在一片原木铺陈中实则坐收画龙点睛的惊喜。

1. 由客厅望向餐厅，禅风的优美恬静定位了开放式餐厨的设计主轴。
2. 酒红的厨具、深褐色餐桌区、铁灰色料理区混搭出低调却细腻的和谐姿态。
3. 由客厅望向餐厅，禅风的优美恬静定位了开放式餐厨的设计主轴。

DESIGNER NOTES
设计师档案

黄静文空间设计

从来不想把家想得太复杂，以一种单纯的美好出发，在简洁的构成中再去注重细节的精致性与质感，如此而成的空间无论大小，都拥有浑然天成的大方气度，展现绝佳的视觉张力，生活在此不仅成为一种感官享受，心灵更能体验丰沛的精神内涵。

执行长 | 黄静文
地址 | 新竹县竹北市成功六街 223 号

SPACE PLANNING
空间规划

座落位置 | 新竹市
建筑形式 | 电梯华厦一楼
空间坪数 | 70 坪
格局规划 | 玄关（含更鞋区与客浴）、客餐厅、开放式厨房、多功能室、储藏间、2 小孩套房、主卧室、起居间
主要建材 | 钢刷板、实木喷砂板、义大利进口砖、特殊文化石、集成木地板、南方松

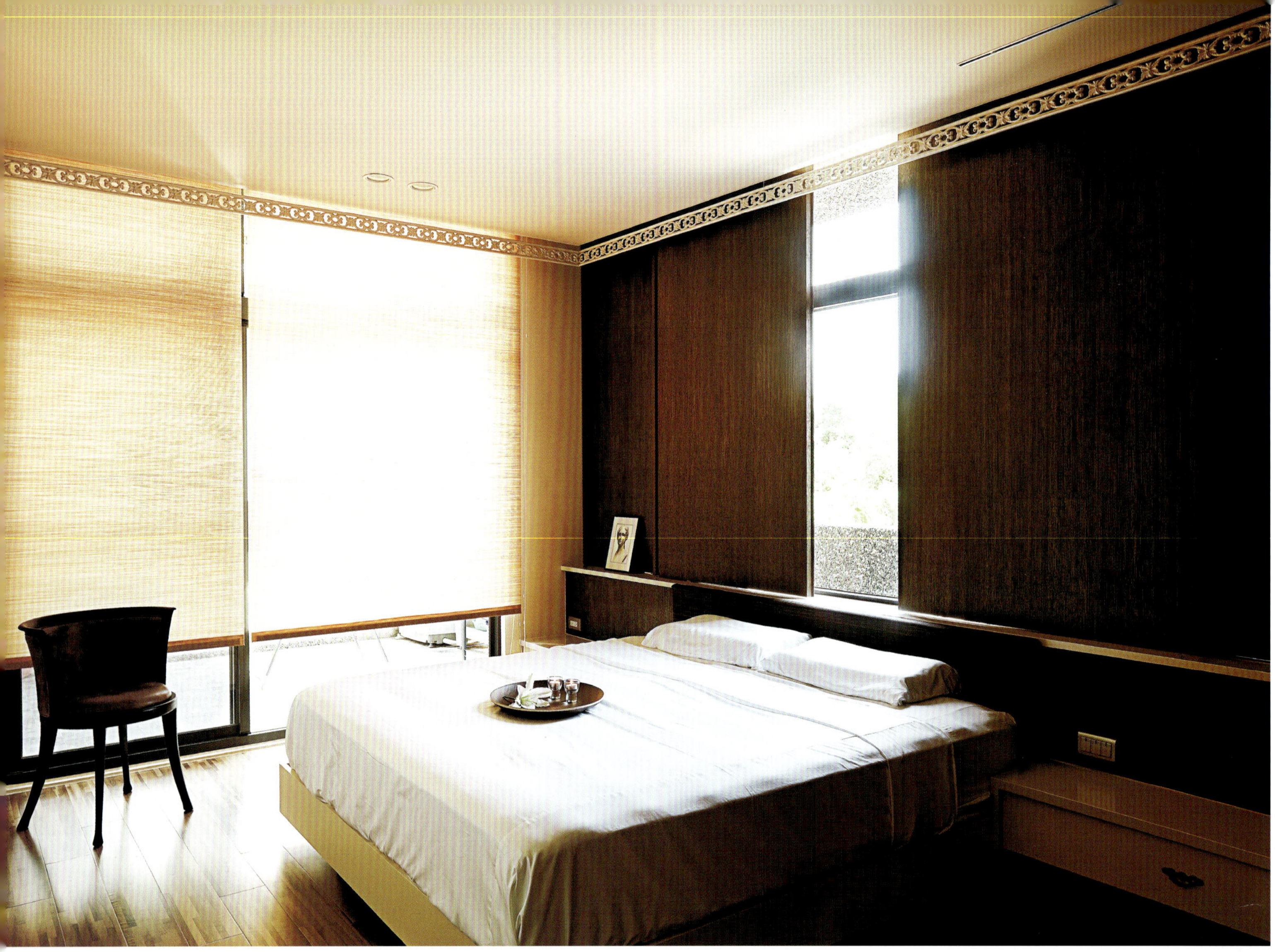

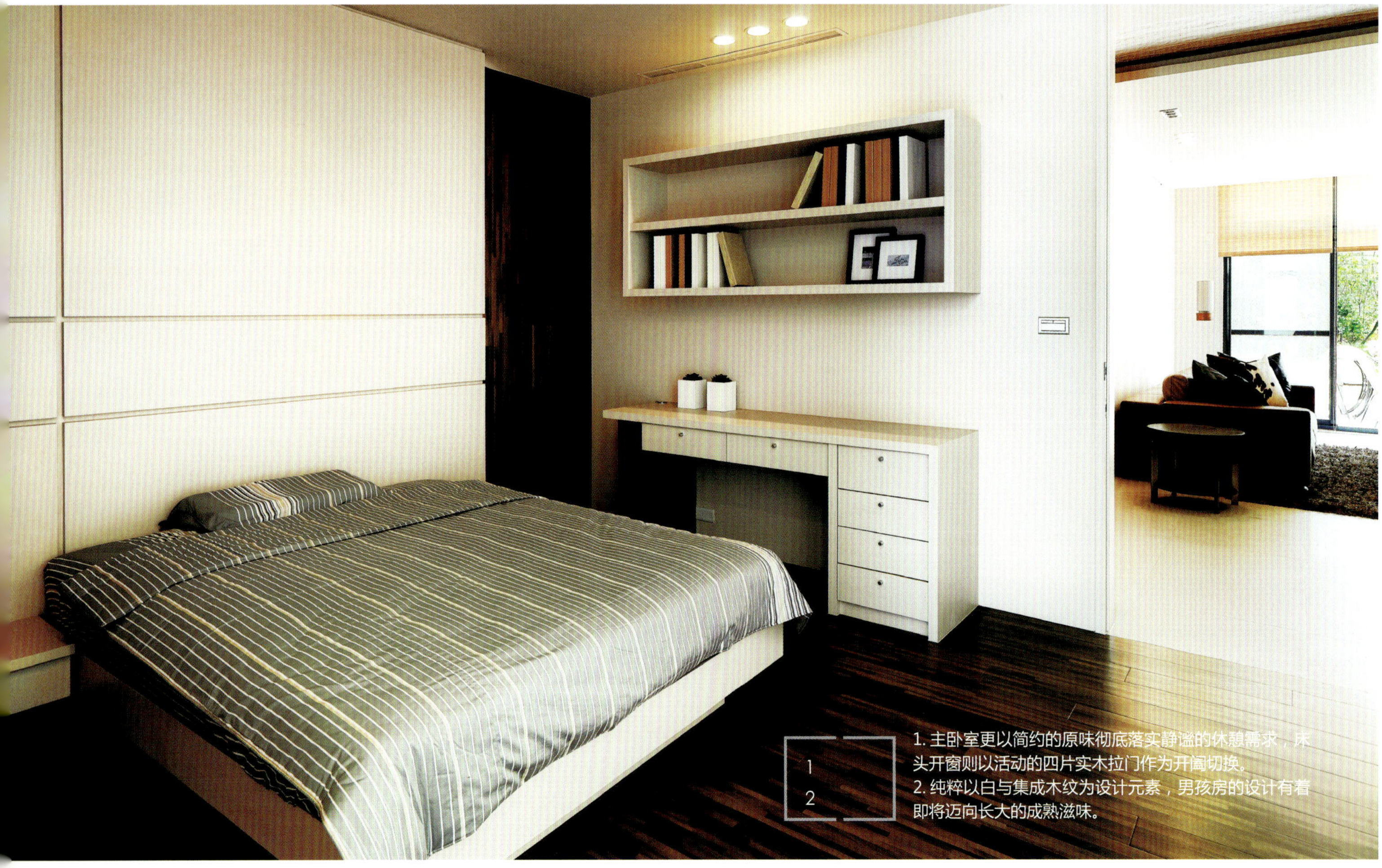

1. 主卧室更以简约的原味彻底落实静谧的休憩需求，床头开窗则以活动的四片实木拉门作为开阖切换。
2. 纯粹以白与集成木纹为设计元素，男孩房的设计有着即将迈向长大的成熟滋味。

Editor's Recommendation

>> 编辑最推荐

01 特殊文化石墙面效果佳

←沙发背墙所采用文化石不同一般，而是更强调质材的天然原始，细看纹理与构成，还有贝类或化石沉淀其中，再搭配设计师刻意施以不同尺寸的切割，整片铺陈效果极具装饰性。

02 走廊天花的手工壁纸

→↓走廊是空间连结的中心，天顶采用手工壁纸与装饰照明搭配，界定出此区"低调却极其重要"的特性，仿佛一道绵延无边的寂静道路，引领着视觉的无限延伸。

设计 引申生活便利机能与品味价值

Design Significance

在空间设计的过程中，被许多因素左右，如风格、流行、设计者喜好、屋主喜好。苗贤哲设计师对于设计思考的连结与转化对应到生活便利性，设计核心价值在于让使用者藉由"设计"让生活更方便，从五感当中体现设计的精采，打破传统形体疆界的呈现形式，让生活、品味、习惯更加具有便利性与价值。

撰文 | Joanna　空间设计暨图片提供 | 竹贤室内设计

The important value of the design to allow users from the "design" to make life convenient, feeling among the sensory experience from the diversity of design, breaking the traditional presentation, make life and habits with the convenience and value.

让人在空间里感觉平衡与舒服，就是设计的目的。

此案的设计理念便是将每个区内的家具，强调功能及呈现的形体表象，颠覆传统的认知，丰富生活的视野及强调生活的便利性，藉此点出"家"的实际设计主轴：退去花哨的设计概念及装潢，着重于让居住者运用设计，突显生活的方便，使用设计，感受到品味价值，而真正宁静舒适地生活在空间当中。

DESIGNER NOTES
设计师档案

竹贤室内装修设计工程有限公司

打破传统空间中固定样式的呈现方式，如：界面、家具，其所代表的意义可以是延伸而多元化的，如此创造空间中更丰富的机能，提升生活的品味层次与价值意义。

设计总监 | 苗贤哲
地址 | 台北市松山区新中街 48 号 1 楼

SPACE PLANNING
空间规划

座落位置 | 台北市 北投　　建筑形式 | 独栋别墅
空间坪数 | 250 坪
格局规划 | 1 楼：玄关、客厅、餐厅、厨房、起居室、卫浴、庭园平台
2 楼：起居室、主卧、更衣室、主卧卫浴、2 小孩房、开放吧台、小露台
3 楼：起居室、书房、琴房、客房、露台
主要建材 | 板岩、铁件、梧桐木、白橡木、喷漆、南非黑烧面大理石

1　2

1. 以仿碳烧的色泽，作为全室的空间表情，与休憩空间铁件为框架的通透界面，轻易引入户外景至厨房、客厅当中。
2. 电视柜以隐藏式投影布幕取代，两旁喇叭的固定量体的传统表情，亦以图画轻盈具品味的意象取代。

颠覆传统的形体意象

此案座落于台北北投行义路，有着三四十年的屋龄，1-3 层楼的独栋形式，饱揽户外城市的优美景况，让人觉得生活的惬意，不过如此。

屋主希望整个空间以内敛、稳重的意义延伸，融入时尚及奢华的意象，却不让人觉察出来。苗贤哲设计师从丰富的设计经验来看当代设计的表象，强调空间的品味，已非风格、家具、软装、机能、比例中粹炼得到，而应该让空间回归本质，提升介面或家具的呈现方式，进而表现空间独一无二的气度及氛围。鉴于空间被优美的自然景致环绕，在每个楼层都有露台，于是不将其纳入室内，利用简单的线条、材质，大方地将室外的景致拢入，让空间亲临自然与城市交迭的魅力。玄关区的鞋柜门片以窗的对称形式取代传统的木作、明镜材质的式样，淡化不可或缺的鞋柜意象。

客厅以仿碳烧的色泽，作为主墙的表情，电视柜以隐藏室投影布幕取代，两旁喇叭的固定量体的传统表情，亦以图画轻盈家具品味的意象取代，而与休憩空间铁件为框架的通透介面，轻易引入户外景至厨房、客厅当中。

1 2
3 4

1. 具吧台机能的中岛搭配开放式的厨房设计，强调通透开放的互动机能，维系开放空间沉稳而内敛的调性。
2. 餐厅区域的地坪延展至户外规划设计的平台式庭园，设计无边际水池设计作为平台终点。
3. 2 楼开放式的起居空间以后现代的轻古典意象为主要基调，强调舒适的休憩表情。
4. 3 楼设计为开放式的起居空间，兼具书房机能，规划琴室及客房，丰富空间的使用功能。

设计 衍生生活便利及品味价值

开放式的厨房、搭配具吧台机能的中岛设计，强调通透开放的互动机能，与客厅主墙面采同款调性的彩度安排，维系开放空间宁静、雍雅、沉稳而内敛的调性。餐厅区域的地坪介面延展至户外规划设计的平台式庭园，为顾及安全性，以无边际水池设计作为平台终点，平台设计方式是为原庭园架高设计，拉高与餐厅同一水平，上方为平台式庭院，下方则为收纳的储物空间。如此的巧心安排，不仅让餐饮的范畴加大，同时视野遂得以无限的延伸蔓延。

2 楼开放式的起居空间以后现代的轻古典意象为主要基调，强调舒适的休憩表情。主卧更衣空间也是设计的延伸，将机械式的原理运用其中，利用电动的机械设计，方便屋主众多的鞋类收藏及归类，增加收纳功能性的延伸，一旁的衣柜也以同样的方式规划。卫浴空间设置干湿分离两个区域及梳妆空间，介面以普通方式将女主人的人像以大图输出，作为图腾，独具专属的个人生活风格。

1-3 楼外观的铁件制的窗框也是经过全部改造及客制化设计，方便空气对流，延续室内的品味意象。整体的设计规划上，苗贤哲运用了视觉设计，将既有家具或介面的形体颠覆，透过设计，融入生活的便利性，全栋也藉由智能住宅的科技智慧，延伸出空间与机能更方便的互动，而将设计发展得更具人性化。苗贤哲强调，设计，是要让人使用，真正感到为生活带来便利性，同时兼顾品味及空间价值的提升，而非一成不变的语汇或流于形式的流行而已。

1. 主卧设计书房的使用机能，以白色为基调，透过家具黑白对比，营造空间舒适开阔的意象。
2. 大面积的开窗设计，在对外窗棂的规划上均特别规划设计，让室内外内敛沉稳的态度相互结合，同时将绿意导入。
3. 主卧主墙面承袭客厅主墙材质及色彩意象，维系优雅的品味及生活质感。

Editor's Recommendation

>> 编辑最推荐

01 更衣室的机械原理创造便利性

←运用机械式的原理，将更衣室作立面的规划，如：为了增加鞋类的收藏及归类，利用电动的机械设计，增加收纳功能性的延伸，一旁的衣柜也以同样的方式规划。

02 电视主墙旁音响跳脱传统造型

↑电视主墙两旁不再是过于笨重的喇叭来象征视听空间的完整度，取而代之的是利用画作的形体方式，来表现喇叭予人传统的视觉印象。

无界混搭
UNBOUNDED MIX AND MATCH

Gracious &Sumptuous

隐身优雅的至宠奢华

当豪宅设计不再局限于昂贵建材的堆砌，而是屋主个人极致品味的实现，豪宅进阶了，除了体现奢华的菁纯本质外，更享有一种打从心底被宠爱的完整满足。

采访撰文 | Fran　空间设计暨图片提供 | 大康设计

DESIGN
STUDIO
NOTE 设计档案

擅于刻画豪宅的经典画面与内蕴精神，大康设计在顶级客群间之评价非凡。即使已经操刀擘画无数豪宅的动人面貌，在大康设计所坚持的个人化、独特性的业主特质，总能让每位业主获得最满足的生活空间，同时也是一位设计人对于自己工作的坚持与用心。

大康室内设计

设计 | 杜康生、黄金孟振
地址 | 台北市信义区信义路五段 111 号 10 楼

1. 客厅采用现代的 Armani 家具，与室内低调的装修硬体同样讲究质感与细节设计。2. 客厅大面宽主墙利用大理石材质、展示柜及东方画屏等设计创造出更多的层次美感。3. 入口扶梯延伸向上，与水晶灯、壁面的造型设计搭配，为空间带来更多璀璨精采。

即使早已经是豪宅规划的金字招牌，大康设计对于每一位豪宅主人永远抱持最初的热诚与谦诚态度，从屋主每次的交谈，每一个生活画面的陈述，每一个细微的生活需求，一步一步地贴近屋主的理想，落实机能与美感百分百的梦想豪宅。

回旋扶梯与水晶长灯创造迎宾气势

屋主大手笔购下北市信义区左右双并、上下双层的四户住宅打通，造就了室内宽达 250 坪的豪宅空间格局，为的不仅是展现华丽装潢，更是希望能落实"休闲渡假不离城居"的生活梦想，因此整个空间规划除了以屋主低调现代空间与东方品味美学作为设计的基本调性外，同时更融入全方位的休闲设计，让屋主期盼的城市休闲居完全满足。

为了让空间更具完整性，设计团队从入门前的电梯间开始着手规划，以天花板的精致线板来拉伸屋顶高度，搭配地面大理石拼花设计，让入门厅堂更具有层峰贵气，也与一入室内仰首可见的回旋造型扶梯相互呼应。整个宽敞的玄关空间以白为主色调，透露出优雅的厅堂之美，数量不少的玄关橱柜采以白色壁板，以及量身设计的乱纹浮雕板作为装饰，两种壁面图腾在视觉上产生对比的美感。而蜿蜒向上的钢构扶梯则与线型垂挂的长水晶灯形成完美的互动，让整个入门第一印象展现出璀璨白色的奢美景象。

SPACE PLANNING 空间规划

坐落位置 | 台北 信义区　建筑形式 | 顶级豪宅　空间坪数 | 室内 250 坪　室内格局 | 1 楼 / 入口大玄关、客厅、餐厅、厨房、客房 2 楼 /3 间大套房卧室（含更衣室与卫浴）、视听室、大露台花园　使用建材 | 黄金米黄大理石、黑金锋大理石、壁板、乱纹浮雕刻版、安利格木皮染色、ICI 特调涂料、紫檀木地板、英国进口窗帘、智慧情境控制系统

The eastern taste reveals in the western structure which merging the new impression perfectly of the style of east and west.

The living room wall surface length surpasses 20 meters, has the closet, the display case besides the arrangement, moreover designed the painting screen to do to decorate the main wall.

Armani 与 Baker 双风格家具，搭配出和谐对话

从玄关右转进入开放格局的一楼公共区域，首先映入眼帘的是衬着仿古金箔背景的钢琴区，接着正式转入景深与层次都相当可观的客厅与餐厅区。超过 20 米的大厅面宽在设计师巧妙的规划下，层次渐进地铺陈出大理石面、对称的开放展示柜及 4 幅东方画屏，并且与餐厅区的白色典雅壁柜连结，让空间的气势有了更完整的展现。同时，运用智慧型的电动推门设计，可让隐身于画屏内的电视、影音设备轻松开启。事实上，整个室内几乎全部配置以互动式情境控制，设计师透露屋主光花在智慧控制系统上的费用即高达六百万，这也让整个生活更能随心所欲。喜欢东方风格的屋主在风格装饰上要求低调，而为了满足其品味，在设计上特别采用白色新古典的纤细线条来铺底，搭配重点式的东方元素，让视觉简洁，并且将重点放在屋主在乎的施工品质与细部的收尾设计；另一方面，在家具的配置上则采用了 Baker 与 Armani 家具的双风格搭配，让空间在奢华与简洁、古典与现代之间有了精采和谐的对话，也更增加了空间的多元文化美感。而隔着镂空东方线条屏风之后的宽敞厨房则同样延续着白色的基调，让唯美的气氛继续延伸至实用的餐饮空间。

1 2
3

1、2. 由餐区透过 Baker 经典家具穿视客厅与钢琴区，可以感受大厅的深广气势与层次视觉。3. 厨房除了采用高档进口厨具来突显机能与品味，白色的空间更延续了唯美气息。

极致奢华的享乐机能规划

比较起 1 楼的壮阔气势，配置有主卧室、2 间套房式卧室与休闲空间的 2 楼格局，规划上则强调给予心灵奢华的至乐享受。首先，见到主卧室内以东方色调的金色壁柜、金绒床背墙的空间硬体，搭配上丝蓝色图腾的床组，别有一番韵致。在如此宁静的空间氛围之中，卧床正前方大开窗的露台花园景致绝对令人惊艳，从巴里岛运回的白色浮雕墙与水景植栽，搭配 Armani 庭园伞座，让画面呈现出南洋休闲的轻松感，而走出露台更可发现近在眼前的 101 大楼，增添几许城市的优雅画面。另外，在屋主的要求下，在室内还规划有小型游泳池，以备家人健身使用；除此之外，主卧室浴室中更可发现大画面水池林意的假山造景，有如置身森林山间，在此绝对忘却尘嚣烦忧，蓄积满满活力，也让人大叹人生至此，夫复何求。

1

2

1. 主卧室的金色壁柜与金色绒布床背墙设计，与丝蓝色调的床组更能凸显屋主喜爱的东方风。
2. 经由大面开窗的设计让视觉更无障碍，即使身处屋内也可享受美丽的露台景致。

The balcony outside the bedroom can let the view be seen through the window.

ABOUT
STYLE 风格元素

1. 露台花园创造城市野趣的奢华享受

为了让屋主享受左拥林野的瀑池水景，右抱 101 繁华美色的惬意生活，特别利用顶楼露台铺设精致的峇里岛花园，同时在汤屋外开窗引入水瀑景色，营造出多元而趣味的生活情趣。

2. 形势壮阔的回旋扶梯

为了串联上下楼层，不仅耗时费工地打开楼板，同时量身设计、现场放样打造出回旋线条的钢构扶梯，接着再斥资以 80 万的长型水晶灯穿梭于弧形旋转的梯型中，让壮阔的空间更添璀璨之美。

3. 四连幅画屏增加厅堂人文品味

于面宽超过 20 米长的客厅墙面中，设计师除了安排壁板橱柜、展示柜来铺陈外，在电视主墙外层设计推门，并延请香港画家绘制四连幅的东方画屏，平日不观看电视时可以关上为空间聚焦，打开时则对称列于电视两侧，成为客厅主要视觉之一。

Visual Impression

风格主义的粹炼 汇聚时尚新美学

设计不只取决于空间形式，而是合乎人、合乎生活面向的最佳演绎，邱诚设计从生活美学的角度思索不同空间样貌的可能，融合现代与古典设计风格作为实现豪宅气度，表达了丰富的空间特性，更酝酿出生活中的趣味，也为定位为豪宅的空间写下新的诠释与注解。

采访撰文 | Celia　空间设计暨图片提供 | 邱诚设计

DESIGN STUDIO NOTE 设计档案

邱诚室内设计

地址 | 台北市温州街 16 巷 11-1 号 1 楼

Home is a locus for creation and life. Good arrangement is the essence of design and it suggests a particular taste of life or living style.Designer Chiu took advantage of its double height space and transformed it into a six star classes space.

空间是创意美学与生活连结的场域，人们对于居住型态与空间的形式总有符合自己的期待，设计者担任的角色即是透过设计让空间完全符合居住者所需，将所谓的生活提案藉以表达出使用者的自我态度，也进而在住宅空间里实践美学艺术的理想。

邱诚设计在本案中，透过立面、比例的精准拿捏，以及材质的交错搭配，将不同元素的精髓装饰于空间之中，成功地为此案业主创造出一处可供商业办公、私人餐与休闲娱乐的复合式招待会所，这空间的形态，意味着潮流、时尚、风格，精炼而丰富、细致的表现手法，紧密连结着业主所展示的审美与生活态度，更赋予了来访的宾客绝佳的视觉飨宴。

邱诚设计邱振民设计师多年来累积的纯熟经验与设计资历，在美感的诉求上，精准阐释生活的细腻与美学住宅的理念，每个空间案例都可见不同操作手法，所共有的特质则是保有空间的艺术质感与氛围。也因此表现在此招待会所的手法中，除了符合所有业主所需的机能性、商务性和作为休憩娱乐的空间外，丰富的内蕴以及时尚华丽的顶级质感，更是空间成功的重要关键，也完全融合于这栋 3 层楼高的多元建物中。

1 2

1.2 楼起居室利用家具、家饰的深浅色彩相互搭配，酿构温暖与低调奢华的风貌。
2. 主简洁的空间立面透过大型水晶灯饰的点缀，衬托出大器的奢华意象。

SPACE PLANNING 空间规划

空间坪数 | 128 坪　空间性质 | 复合式双拼别墅

案例屋况 | 新成屋　房屋格局 | 沙发区、会议室、收藏室、套房 2 间

主要材料 | 石材、木皮、铁件、茶色玻璃、木地板、壁纸

Designer used decorations to add the atmosphere of art and culture. The large crystal light is located throughout the first floor to the third floor and it attracts one's attention.

1 2

1. 二楼起居室廊道，地面利用不同材质界定出场域范围。2. 卧室床头壁面运用深色壁纸以及褐色拉帘营造壁面韵律感，而新古典样式的家具寝饰带来温暖而细腻的质感。

器宇轩昂的空间张力

踏入玄关，便能立即感受到宽敞而气派的视觉震撼，设计师考量业主需求，为了保有空间的宽敞，即使空间有上百坪的良好优势，设计师以 1 层楼仅 2 个隔间的配置为主，让每个空间皆能保有宽敞而舒适的动线。此外由于空间拥有挑高 3 层楼的厅堂设计，为了呼应宽广的气势铺陈，设计师在入口的视觉上运用黑白雕花石材作为入口的重心，而一旁不规则切割的黑色墨镜相佐，表现出时尚简炼的层次美学。

随着空间意象循序渐进的铺陈，会发现在每个楼层中皆有崭新而独特的惊喜。1 楼的配置上，由于业主工作的需求，必须保有商务性的使用功能，于是配备了足以容纳 20 人的大型会议厅，其中规划完善的视讯功能，以符合使用者常接收国际商务的高度机能性；来到 2 楼则是规划两间画作收藏厅，宽敞的空间中规划了专业级恒温、恒湿的调节系统，让艺术品在此得到良好的保存。设计师更于壁面设置轨道，让业主可将许多收藏的水墨、山水等艺术画作挂置于壁面轨道中，业主只需轻轻推拉，便可轻松地将所有大型艺术品作分类，更可享受艺术所带来的优雅时光，而运用多门轨道的设计手法，充分运用空间，将所有大型的画作加以分类，更保有观赏艺术的自在空间，而所有轨道阖起之时，所展现出的切割纹理，也变化出墙面的丰富层次性，为空间注入了人文因子与艺术气息。另外，空间中还设置了众多的娱乐设备，不论是视听室、多功能娱乐间、健身房、Lounge Bar，所有汇聚华丽与时尚的元素都在这些场域中完美呈现。

1. 面对户外的自然景观，设计师设置大片落地窗，窗边摆放了新古典样式的躺椅，让人享受室内外优雅闲适的氛围。2. 宽敞的卫浴空间，大片镜面引入了窗外景致，而影音设备则提供居住者舒适的泡澡环境。3. 电视墙左侧设置凹槽柜体，表层利用镜面材质让暖调性的墙面跳出对比，空间尽展时尚与典雅并蓄的风格。

华丽艺术的尽现

在此开放空间中由于挑高形式拥有极具穿透与层次分明的视觉感，因此邱诚设计运用大量的线性笔触勾勒景深层次，各场域藉由天花板的不同的造型与灯槽编构出层层框景的效果。在形式的确立后，偌大的挑高空间，特别在空间及材料处理上，展现无限的奢华感，透过材质、色彩、家具家饰、光影的效果等软件来为整个空间的构思过程中，成为展现独特与审美的一种媒介，也是设计与生活连结的最后一层肌肤。

空间中最引人注目是位于楼梯旁，以琉璃订制成大型灯饰，优美姿态垂坠而下贯穿1楼至3楼空间，璀璨的灯饰散发出令人赞叹的视觉效果与晶莹质感，如流光一般的视觉美感及磅礴气势，带来了画龙点睛的视觉引导，也为简洁俐落的立面更加突显了色彩张力，脚步移动，绝对会离不开那华美的装置艺术。

此外由于在不同场域所需的软件皆有所不同，如何达成和谐而完美的陈述则考验着设计师的功力，在此案而言，邱振民设计师运用细腻的思维将所有细节以符合业主的需求与喜好，在风格上搭配了众多家具、家饰品等物件，然而却能完整的表达出得宜却不复杂的空间配置，让空间的层次与比例，藉由软件的披覆，更能突显豪宅空间所应有的气势与张力。在那充满形色光影的情绪氛围间，带来视觉的极致飨宴，也让人仿佛身处于六星级招待会所般的舒适而礼遇。邱诚设计创作出空间里中情绪与视觉相交融的华丽感受，也带来了空间书写的全新定义。

Designer Chiu cleverly utilise conflict and mixing of form and material to express the remarkable relationship between classic and modern styles, as well as it show a new definition of deluxe house.

ABOUT
STYLE 风格元素

1. 家饰软件的空间浓度

设计师运用大型水晶灯饰自 3 楼垂坠而下，精致璀璨的外形设计有如大型的装置艺术，流光般的晶莹质感，带来令人惊艳的视觉效果，引导了人们视觉，亦呈现出大宅空间的丰富样貌，以及华丽细致的质感。

2. 灵活轨道设计 筑构艺术鉴赏氛围

由于业主有收藏画作的喜好，于是特别规划一处收藏画室，壁面处运用拉轨设计，将所有艺术品收纳其中却不占据任何空间，规则化的线条亦丰富了立面的线条。而大片的落地窗带入自然绿意，不需多余装饰，就是室内最美好的优雅景致，轻轻地滑动轨道，让人可舒适惬意地在此欣赏画作，也引导出人们对于优质生活的充分向往。

1

2

Top Classic Castle 传世家徽 璀璨精雕之城

大坪数的住宅空间规划，业主在建造当下多半会有较深远的传承想法，希望自己的努力或成就，能妥善加以保存、发扬光大，因此本案在整体设计上，不仅着重于空间机能的实用性及动线的流畅，更重要的是如何表现整体气势与非凡美感的传达。禾百设计深刻感受到主人对于此案的重视与期待，设计总监林珊如藉由深厚的美学涵养以及设计手法，巧妙运用各种材质的特性整合各个空间面向，让精湛的浮雕印象、华美的线条、瑰丽的色调彼此相辅相成，表现出如同中世纪古典城堡般、不同凡响的气度及名家质感。

采访撰文 | 林雅玲　空间设计暨图片提供 | 禾百室内设计

DESIGN STUDIO 设计档案 NOTE

禾百室内设计

设计总监 | 林珊如

参与设计 | 陈信翰

复兴美工 西画组

台北科技大学 建筑设计系

地址 | 台北市信义区信义路五段 150 巷 330 号 8 楼 -5

空间的灵魂，来自创意；更取决于设计者对艺术涉略的重量。一段时间放空自己，甚至远赴欧洲体验当地浓郁的古典风情之后，禾百设计似乎在空间规划的领域里，又升华出另一重更高的境界。不受拘束、积极创新加上深厚的美学功力，一直是林珊如得以不断推陈出新的一大助因，而在这处以北欧新古典为主轴的空间巨作当中，包括出神入化的材质运用；结合工艺繁复的精雕概念，涵养出与众不同的时尚品味，在奢华与气质的天平上，跳脱刻板的装置印象，活用挑高 6 米难得的空间条件，计算特定空间与视觉感官的最佳比例，无论是日常生活上的使用便利、完备机能、情韵天成的空间气势，都是最接近完美的状态，让业主赞赏之外，更有着深深的感动与欣慰。

稀有大宅 北欧宫廷古堡

建筑体面宽 5 米、主空间挑高 6 米的气度，让人第一眼就能感受到身临其境的震撼，例如天顶杏型多层次天花造型，搭配水晶流苏与巨型灯饰，复刻真实北欧古典宫廷的美仑美奂，缤纷的光影挥发着强大的浪漫能量，唤起人们对于异国风情无限的想像。整个厅区宛如将优雅绝伦的欧陆城堡挪移到了现代，客厅电视主墙在大尺度深色立面上，以金色雕凿的优美立体框饰，烘托拱顶的修长身形与茶镜镶嵌的精致，中央的九宫格分割则融入透光玉石的剔透，呼应倒影的水晶灯光芒。

壮丽的沙发背墙同样以茶镜铺陈背景，包括中央点缀金色皇冠图腾与中世纪盾牌造型，以及两边以对称宝蓝丝绒衬底、精工镶嵌其上的浮雕式家徽，整体构思都是由设计师亲自手绘图样，再搭配师傅纯手工雕刻，以繁复涂装工序所完成，堪称美感与价值感相得益彰的艺术精品。

1　2

1. 沙发背墙与相邻楼面上下墙，皆以茶镜来诠释，尤其是钻石面切割的技巧，打造精益求精的立面工艺。2. 壮丽的电视主墙以镂空描金的立体浮雕，烘托透光玉石晶莹剔透的极上美感，成就独一无二的大宅风华。

SPACE PLANNING 空间规划

建筑形式 | 独栋透天别墅 B1、5 楼　空间坪数 | 约 140 余坪　室内格局 | 4 大房 2 厅、雪茄吧、Lady Room、顶楼渡假花园

使用建材 | 紫檀木作雕花、金色烤漆、金箔订制家具、茶镜、雷射切割金属栏杆、天然石材、牛奶纱、进口壁布、透光玉石

Creativity is the soul of space design. Herbest Design has been presenting new designs because of the creative, initiative, and active attitude.

其次，夹层相邻的副墙面，在楼面上下皆以钻石面切割的茶镜来诠释，当人们的视线随着折射的角度而深邃延展时，更让人对精益求精的立面工艺由衷赞叹。客厅可以说四面皆景，就连落地窗前由上而下垂挂飘逸的多层次帘幔也同样让人目不转睛，金色皇家织锦、薄纱与细腻牛奶纱前后缱绻，见证设计者精确掌握下的唯美向度，再一次将每日进行的真实生活，透过丰富且立体感饱满的浮雕线条，搭配特制金色家徽、皇冠图腾语汇与订制古典家具等经典元素，以无可挑剔的视觉比例与辉煌的殿堂意象，升华成难以取代或模仿的空间艺术。

尊荣无限的享乐设计

与客厅相邻的夹层下方规划绅士专用的雪茄吧，着墨上相当大器，设计总监林珊如十分重视细节的质感与大方向的整体性，以弧形石材台面精心裁制的吧台后方，主要立面以浅金色团花壁纸柔和画面，避免过多的装饰图腾与线条造成视觉的压迫，也藉此平衡右侧墙面焦点式的浮雕狮王头像，低调的霸气与材质的华贵相辅相成，带出大宅应有的沉稳与内敛气质。

男士专区后方则是为女主人姊妹淘特制的 Lady Room，一张玫瑰金色贵妃椅与室内摆设的舒适沙发，为淑女们贴心准备了情境私密，却又轻快愉悦的聚会气氛，在墙面玻璃柜内的晶亮水晶杯与局部镜面的反射下，带出一室衣香鬓影的幻丽，轻松享受一次优雅的午茶时光。

除此之外，夹层上方安排餐厅，醒目的铁件扶手设计以皇冠线条发想，同样是设计师以手绘图案、雷射切割再加上精密烤漆才创作出的独一无二的艺术品，同时也暗示着前后一致的设计语言。餐厅背墙辉煌的意象取材自雪茄吧区曾出现的浮雕造型，菱形交织线条点缀立体狮王头像，既有家徽的庄严，也兼顾美感的呈现，第一时间集中目光焦点，而金色鱼龙餐桌、珊瑚红餐椅所对应的圆融天花造型，也让室内雍容圆满的餐叙气氛油然而生。

1	2
	3

1. 餐厅安排在 2 楼夹层区，圆融的天花造型与金色餐桌相对应，而以皇冠线条雷射加工切割的扶手造型，巧妙加强了前后一致的设计感。2. 与客厅相邻的绅士雪茄吧设计，细腻的团花图腾加上右侧立面精致的狮王头像浮雕，勾勒尊荣卓越的非凡品味。3. 专为女主人设计的 Lady Room，沉稳的气氛中点缀玫瑰金色贵妃椅与舒适沙发，是最适合淑女们聚会的私密场域。

Although the fashion trend changes rapidly, Herbest Design emphasizes on integrating the professional design with the residents' taste for living. Through the intelligent design and effective method of management, Herbest Design organizes and coordinates the space.

极致奢华的半岛风情

各式金的元素细腻交织的主卧空间，宛如半岛宫殿般引人神往，R 脚收边的层次天光，因此散逸的柔和光线让室内每个物件，都漾着淡淡迷离的金光。在华贵织品、瑰丽茶镜与宫廷香氛层层拥抱的情境中，优雅古典的低调奢华与金碧辉煌的复古风情相辅相成，设计上不以繁复线条取胜，反而点缀精致单品家饰，赋予空间另一种顾盼动人的神祕美感。

女孩房内洋溢粉嫩的光彩，环绕床座的半椭圆天花造型，伴随薄纱上甜美伸展的花卉图腾，打造出一处不似人间的绝美幻境，床尾处安排休闲区，对称罗马柱伴随曼妙的拱门造型，主人随时可以坐下来，啜饮一杯浓纯的伯爵香茶；而造型墙两侧规划双向动线，透过穿透性佳的红色线帘，在墙后设置机能强大的更衣区与收纳区，赋予私密空间重新诠释的古典新意，巧妙地将不平凡的美感与创意，完整地注入空间的情韵当中。

顶楼甚至还准备了充满岛屿渡假风的热带花园，让这处千锤百炼且充满艺术性的迷人空间，更能贴近居住者的真实需求与期待。欣赏禾百设计在这处精致大宅中气势万千的精湛演出，唯美的立体线条；伴随着轻盈曼妙的弧度，造就令人赞叹的工艺经典，如同不朽交响乐中的悠扬篇章，在隽永、深度内敛的古典美学中，尽情展现人生成就的优越与不同凡响。

1 2 3	4 5

1. 各式金的元素细腻交织的主卧空间，宛如中东半岛宫殿般引人神往，R 角收边的层次天光，因此散逸的柔和光线让室内每个物件，都漾着淡淡迷离的金光。2. 淡雅清新的客房设计。3. 女孩房利用床尾处安排休闲区，对称罗马柱伴随曼妙的拱门造型，加上造型墙两侧规划双向动线，搭配穿透性佳的红色线帘，成就机能强大的更衣区与收纳区。4. 唯美的卧房内洋溢粉嫩的光彩，环绕床座的半椭圆天花造型，伴随薄纱上甜美伸展的花卉图腾，打造出一处不似人间的绝美幻境。5. 浪漫的女孩房以柔美的碎花图腾，点缀清新的白色纱帐，让空间的休眠情境更加美仑美奂。

ABOUT
STYLE 风格元素

1. 量身订做、独一无二的家徽图腾

许多名门世家都会有专属的家徽图腾，不仅是家族传承的精神象征，换个角度看，又何尝不是凝聚家族向心力的具象信物。在这处足以传世典藏的壮丽别墅中，设计师精心设计了许多具象征性的立体图腾，做为立面的装饰与前后连贯的设计语言，包含皇冠、盾牌、狮王头像等，不仅展现精湛的浮雕工艺，也让整体的价值感倍增。

2. 浓妆淡抹皆宜的茶镜元素

茶镜是现代空间常用的平面建材之一，淡透过不同设计者的运用方式，茶镜以它现代的本质，却能在古典气息浓郁的空间中同样发光发热。以本案为例，虽然前提是北欧古典的大宅处理，设计师在多处端景与墙面造型上，使用了大量的浮雕、织品，但茶镜透过钻石切割处理，仍能完美地融合相异材质特色，缓解精雕图腾的实体感，扩张空间景深，创造浓妆淡抹接相宜的生动感官效果。

3. 画龙点睛的宫廷风金箔家具

像这样的大坪数住宅，一般的店头家具根本无法衬托出相得益彰的尊贵气质，因此全室订制家具绝对是成功设计必然的选择，例如足足可供五人乘坐的大尺寸描金兽足沙发，细腻雕刻的骨架完全以金箔处理，搭配同色系织锦缇花背靠、椅垫和艳色丝绒抱枕，极致奢华的贵族风情，完全烘托出客厅雄伟背墙的过人气度。

1

2

3

窥见优雅奢华的极致

Ultimate Attainment

好设计，应该像是无处不在的风，或伸缩自如的水一般柔软，才能随时渗入生活每个层面，为使用者带来源源不绝的舒适与幸福感。在这处汇聚了极致优雅与气质奢华的明亮大宅中，傲人的环境条件为室内注入无限绿意生机，而设计者的细腻用心与巧思，则为美丽人生创造更多新价值。

撰文｜林雅玲 空间设计暨图片提供｜大齐设计

客厅沙发后方的的精品柜，与餐厅的造型镜墙，在视觉的远近上形成动人的层次。

1. 玄关的对称展示区以特殊皮革、琥珀镜、银箔等多媒材施作，展现低调奢华的极致美感。
2. 玄关装设落地镜加上清浅色彩，可以将窗外的天然光，引进采光较不足的屋子内部。
3. 客厅两扇落地窗可以尽情欣赏森林公园的景致，家具布置也有促进内外互动的效果。

一般人看空间设计，多数会从有形的商品价值衡量，然而设计真正影响人们的深层力量，并不只是居住品质的提升，更是一种生活形态的创新与落实。换句话说，设计师的任务并不只是透过熟练的装修技巧美化表象而已，而是在于提供一处机能完备；可以随着使用者成长、变化的美丽容器，并能以时尚为名，融入贴近屋主形象的品味喜好，改写世人对于优雅奢华的深度诠释。

极致纤丽 令人动容的现代工艺

一进入光影缤纷的美丽玄关，不禁涌现一阵感动的情绪，不只因为举目所见耀眼的精致影像，更因为设计者对美学与生活必须水乳交融的坚持，令人深刻感受到设计的重量与“美”的力量。玄关区地面特地点缀唯美的金箔马赛克拼花，在公共空间大面积的石材地坪上，巧妙标示个别的区域性，过道两侧墙面分别安排精心构思的收纳柜与展示区，其中以白色皮革钉扣横拉门搭配两端落地明镜的造型后方，是实用的衣帽间，另一侧对称处理的修长白色高柜，则以特殊皮革点缀晶亮的直列琥珀镜带，与中央展示区尊贵的银箔背景相辉映，低调却深刻的奢华美感不言而喻。

极度轩敞大器的剔透客厅，自家露台前两扇落地大窗，仿佛迎进整座森林公园的无边绿意，令人终日心旷神怡。厅内精心摆设优雅又舒适的白色皮革沙发，呼应设计师精心挑选布料特制的贵妃椅、系列抱枕，现代语汇交融淡淡的古典香氛，为空间的尊贵内在更添恒久的艺术性。一气呵成的电视主墙过滤繁复的装饰性，接近留白的画面处理与简洁线条架构，反而让大面积的天然石材肌理，可以尽情展现特有的细腻与光泽。其次，座落沙发后方转角处的精品柜设计，绝对是光彩夺目的视觉焦点，运用皮革、琥珀镜等异材质结合，完成包括难度极高的“L”型侧开门片等细节，打造兼具多重实用价值与美感的装置艺术。

The space design is generally measured by the tangible value. However, a good design makes a great influence on the intangible value. It not only enhances the quality of houses, but leads to an innovative life style.

DESIGNER NOTES
设计师档案

大齐设计有限公司

家是人们休养生息的所在，举凡太多繁复的装饰或过度喧哗、具侵略性的色彩，虽然可以带来一时感官的刺激，但长久而言对单纯家的舒适并没有帮助，因此大齐设计在本案中强调以淡雅色彩、精湛机能布局与美学观，彰显空间应有的大器、优雅风采。

设计总监 | 陈丽如
地址 | 台北市和平东路二段 96 巷 51 号 6 楼 -2

SPACE PLANNING
空间规划

座落位置 | 台北 . 大安区
建筑形式 | 电梯华厦
空间坪数 | 约 80 余坪
格局规划 | 玄关、客厅、餐厅、厨房
书房、客房、主卧室
主要建材 | 特殊皮革、琥珀镜、银箔
金箔马赛克、天然石材
立体壁纸、橡木洗白、超白烤玻
贝壳板、茶镜

材质应用技法 打造连续视觉艺术

开放规划的餐厨区与客厅比邻，整体的精致与讲究，比起客厅有过之而无不及。如果由整个住宅平面来看，餐厅等于座落在全宅动线交会处，被书房、主卧室、客房、厨房等独立空间依序包围，面对餐厅周边数量众多且无法避免的动线开口，如何经由设计将各自为政的零碎块面，转化为面面皆有不同风景的精彩画面，着实考验着设计者的美学涵养与组织功力。首先心思绵密的设计师，在餐厅视线底部的完整墙面，运用琥珀镜与茶镜双材质搭配，以适当比例与跳色的处理手法表现材质的特有折射光感并扩张视野，相邻的左侧墙面安排精致展示柜与主卧室入口，右边则以珍珠白皮革穿插复合镜带，完美打造 L 型连续面的动人美感，透过不同材质与垂直线条的和谐分割比例，避免形成视觉上的断点，加上无可挑剔的结构工艺与收边技巧，让人完全无法察觉出在这些精美绝伦的立面造型中，其实隐藏着分别通往两个房间与客浴的出入口。

透皙明亮的光感厨房同样充满体贴与用心，全数特制的雪白钢烤厨具搭配便利、人性化的多功能中岛餐台，生动说明厨具家具化、艺术化的境界，隐藏通往工作阳台入口的 3 扇超白烤玻立面，不但可以为爱干净的女主人省下许多清洁维护的时间，也能作为记录生活情感、收藏愉悦互动记忆的绝佳舞台。

1	2
	3

1. 餐厅背景墙面运用琥珀镜与茶镜双材质互跳搭配的手法，完成精彩的连续面处理。
2. 餐厅旁的开放厨房配置特制钢烤厨具，以及人性化的多功能中岛餐台，提供丰富的生活情趣。
3. 餐桌旁的对称展示区以两侧木化石辉映中央背景的立体壁纸，刻画高雅的艺术性。

延续空间内外环境的呼应

高雅的客房设计以温和的色彩围塑空间感，床侧俐落的高柜设计有着沉稳的线条对比，整体刻划迷人的休憩气氛。情味盎然的主卧室内，由外面落地窗或自家阳台旁的观景窗，两边都能欣赏到四季不同的美丽景致。为了延续空间内外的呼应，设计师在床侧一整排更衣室的壁面设计上，大胆使用橄榄绿色壁布以及作为线条点缀的特殊贝壳板，连床头精美的绷布造型也以蝴蝶、花叶等天然语汇为主题，让室内流动着令人无比放松，馥郁的自然休闲气息。

回头来看，大齐设计对于各种细节与美感的讲究，绝对是主人当初选择设计公司的重要关键，例如一般施作于硬体，主要增加美观的镜带镶嵌，在本案中，设计师陈丽如除了要求极度细腻的跨材质收边方式，甚至还在已经非常精致的琥珀镜面上加工线条分割，追求令人感动的极致，还有依客户品味量身特制的多款家具、灯饰等软件，不仅忠实地呈现主人的气质内涵，也完美打造一处专属独享的世外桃源。

1 3
2

1. 雅致沉稳的客房设计。
2. 主卧室更衣室的壁面，大胆使用橄榄绿色壁布并点缀的特殊贝壳板，增加室内的自然气息。
3. 打开主卧室的绿色壁面，左方整个为更衣室，右方为专属浴室，大型浴柜特地以银箔修饰外观，尊贵稀有的气度溢于言表。

Editor's Recommendation

>> 编辑最推荐

01 低调而出色的衣帽间

←现场经过设计师精心的格局配置，在玄关大门右侧的立面以两端落地明镜，对话中央的皮革钉扣拉门，美仑美奂的分割比例后方，其实是实用的更衣间设计，还能有效扩张明亮的空间感。

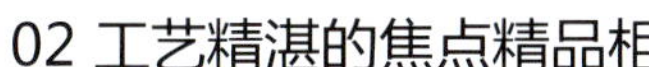

02 工艺精湛的焦点精品柜

→客厅沙发后方的精品柜以皮革、琥珀镜等多种材质精工打造，设计师特别讲究独特的开门方式与结构工法，尤其是不同材质衔接的平滑与精致度，最能看出与众不同的用心之处。

03 完整的连续面处理

↓餐厅两面分别以茶镜、琥珀镜、特殊皮革等材质交错搭配，打造完整且活泼的连续立面，造型刻意拉高齐顶、穿插线条分割块面的设计节奏，巧妙将两个房间与客浴入口隐藏其间。

新简约美式风格 器度非凡

Simple American style

为了体现更完整的美式风格，屋主以上下双层的格局架构，将公私空间完全切割，并成就一楼大开放格局，让大尺度的开窗与大露台所营造的园艺美景可以相互交映，成为室内美式风格的无瑕背景，再搭配素雅而自然的细致线条与气度合宜的美式家具，里应外合的设计与环境条件，正是个案成功的重点要件。

撰文｜Fran 摄影｜赖寿山 空间设计｜彩韵室内设计

客厅主墙以深金峰滚边搭配米黄石大宽幅设计，展现大气优雅画面。

DESIGNER NOTES
设计师档案

彩韵室内设计（股）公司

“简单的线条”与“完美的质感”是这个个案设计的重要原则，设计团队强调整个空间因为采光极佳，空间的腹地也充足，因此，规划上并无太多局限；加上大露台及窗外景观的衬托，构成打造美式风格的最佳条件，也使得风格的营造得以更加完整，而将重点放在更高层次的质感表现上。

设计总监 | 吴金凤
参与设计 | 陈慧敏
地址 | 中坜市慈惠三街 125 号

SPACE PLANNING
空间规划

座落位置 | 桃园
建筑形式 | 电梯大楼
空间坪数 | 186 坪
格局规划 | 1F: 玄关、客厅、交谊厅、餐厅、书房、厨房
2F: 主卧室、小孩房、起居区、阅读区
主要建材 | 深金峰大理石、进口壁纸、线板、黑檀木钢琴烤漆、古典踢脚板、石材、紫檀木地板、茶色玻璃、锻造扶梯、米黄石、白橡木、紫檀木水晶吊灯

美式的优雅风格，以及简单不造作的线条质感，一直是屋主的最爱，尤其搭配着大空间的开阔视野与采光，更是让空间的气韵自然开展，诠释出美式风格的大尺度，同时为现代与古典作了最佳的串联。

创造楼中楼格局 订出合理动线

吴金凤设计师谈到："这位屋主是旧客户换屋，由于之前的装修经验已经累积良好的沟通基础，加上屋主对于美式风格的钟爱，使其在购屋前也注意到基地环境的挑选，因此，设计团队可以针对这个基地的采光、景观及大视野等优点加以发扬光大，让新居的生活品质与设计美感更能达到屋主的高要求。"

屋主因在建造期间即购买上下双层楼，为了符合其居住需求，彩韵设计在客变期间便协助屋主将上下格局打通，并订出楼梯位置及其他合理的动线。为了让私密空间与公共生活区有明确界定，将 1 楼设定为公共区，2 楼则有私密卧房区及开放阅读区、休憩起居区等，其中 1 楼阔绰的格局打开了所有的墙面，也使得整个客厅与小客厅有了超大面宽的双面采光，而为了避免入门直视大厅的突兀感，在大门出以不靠墙的屏风设计来隔出玄关区，除了有优雅端景外，并顺势在此区规划衣帽鞋柜等实用设计。

大画面设计 突显天生好格局

进入客厅后明亮的采光与光泽地板营造出愉悦的空间氛围，而电视主墙则以简白的米黄石搭配深金锋滚边的设计，大画面的框架呈现现代俐落美，接着再运用淡淡的间接光源衬托，展现出素雅内敛的层次感。而天花板则仅以柔和光圈与内嵌的线板来做装饰，恰如其分的铺陈适巧突显出雾香色的漆作墙面，让整体空间更散发出淡淡的美式舒雅。

除了正式客厅的规划，在另一侧则有钢琴与小客厅的配置，这样的设计除了是因应人口简单的实际使用需求，同时也因应屋主当初提出希望在屋内处处都有休憩赏景的角落，为了达成这一设计目的，设计师充分运用室内外互为景致的规划，除了小客厅、餐区、书房以及 2 楼的阅读区等，让喜欢阅读的女主人随时可以凭景歇脚。

1
2 3

1. 客厅主墙以深金峰滚边搭配米黄石大宽幅设计，展现大器优雅画面。
2. 小客厅除了规划钢琴区，舒适的沙发座让家人朋友随时可欣赏露台景致。
3. 入口处以屏风区隔出层次分明的玄关区，同时在侧面规划鞋柜及衣帽间等。

In view of this merits and so on space's natural lighting, landscape and big field of vision develops the design, lets the new home the life quality and the design esthetic sense can meet occupant's high requirements.

蜿蜒扶梯与垂挂水晶灯 铺陈经典

延伸 2 楼的挑空梯间紧邻着餐厅，有别于客厅的开阔，餐厅的主墙与侧墙以对称推门与白色格子窗设计来突显美式风格，同时也区隔了书房以及厨房等空间，搭配镜面餐桌及丝绒布面餐椅，显现出正式庄重的用餐气氛。顺着餐厅旁长形水晶吊灯及量身设计的回旋梯登上 2 楼，宽达 160 公分的楼板让上下的视野更宽广无局限，而随之迎来的是开放式起居区与阅读区，浓郁书香与低背椅创造出休闲感，让人跟着放松，创造出一个不受干扰的空间，也是全家人相聚、交谊的重点区域。

此外，2 楼也是私密起居空间，为了增加主卧室的隐私及空间层次，特别在出入门侧边规划简单的次玄关端景，与右边价值不菲的巨幅油画一气呵成，也可作为阅读起居区的视觉美化。主卧室的设计延续着公共空间的优雅与低调，在无隔间的开放格局中，仅以天花板的间接灯光来界定睡眠区，除了维持宽敞的空间感外，也让采光与窗景更无阻碍。

1	2

1. 利用楼上挑空的高度，以特别设计订制的锻造扶梯细细勾勒出温雅线条，再加入闪闪动人的长形水晶吊灯，使光芒串联上下楼层，增加华丽感。
2. 设计师利用楼梯的动线区隔客、餐厅，但在视觉上却丝毫不受局限。

1. 主卧室以白橡木色创造清爽视觉，搭配细致线条的家具展现婉约美感。
2. 设计师除设计园艺外，更注重室内外場景互动，在窗边规划聊天的休息区。

Editor's Recommendation

>> 编辑最推荐

01 随处可歇的设计提供慢活人生

↑2 楼起居区望向阅读区，开放的格局以及可远眺的视野创造优质的阅读环境。

02 低台度大开窗引进露台绿意

↑为凸显基地的景观及露台等优势，特别将窗景与室内休憩区结合，创造更舒适的环境。

DESIGN STUDIO NOTE 设计档案

成舍室内设计

设计师 | 陈慧芳

地址 | 台北市承德路一段 17 号 B 栋 6F 之 1

American Home Style 净白线条 构筑纯美式优雅品味

从强化机能的设计出发，经由线条的完美比例和色彩的挥洒，将美式风格的精髓深深植入，俐落简约中散发优雅与时尚感受，强调居家中各个空间里均拥有独立个性与基调，整体设计理念让美式风格不仅仅是一种风格的代称，更是一种生活态度的实践。

采访撰文 | Jill Kao 图片提供暨空间设计 | 成舍室内设计

位于边间楼层为挑高后三层半的别墅，每层基地的面积并不算大，却相当方正；有鉴于屋主全家人对于过去在此居住时，感受到诸多生活机能上的不便之处，因此在女儿学成归国后，正式付诸实现。成舍设计陈慧芳设计师为此打造出满足生活机能、风貌焕新，让潜藏在心中最爱的美式风格能真正诞生。

多层次线板，引领美式深度

从初期的讨论开始，全家人都全程参与，尤其本身在美学敏锐度上品味极高的屋主女儿，与设计师从各种角度提出对新家的明确想法，因此定调出不流于沉重与古典的纯美式风格。

整栋空间时尚温馨，其中几个主元素的串连运用相当重要，一是线条比例的掌控，另一则是色彩光感的调和。在现代风格的营造中，平面跟线条的完美比例及搭配拿捏，往往是成败关键；尤其当屋主透露其对线板之美情有独钟时，设计师便以此做为引导元素，透过略带立体的优雅线板的水平与垂直协调比例，释放空间面积不大可能产生的压迫感，从客厅串连至各个楼层，透过线板的优雅与活泼特性，赋予生硬冰冷的墙面极雅致的丰富表情，成为串连整体空间的共同语汇。

设计师深谙线板的拿捏运用，在大量运用线板勾勒空间的同时，紧扣现代美式风格，因此选择以多层次增叠线条取代繁复图腾；空间的转折处，更以立体的罗马柱做变化，像是由玄关进入客厅的两侧罗马柱，架构出挑高的客厅气势，迎面所见的壁炉造型电视墙，同样以类似形式的元素做呼应，让视觉不自觉随着鹅黄色横式壁板延伸至上方的方形线板框体，再直达顶端的宫格天花板，最后随着双层大型水晶灯的晶莹耀眼光芒，视觉再度回归中央，空间透露轻盈的低调奢华。

强化收纳机能，俐落动线

灯光的搭配对于美式风格的成功烘托占有极大影响，陈慧芳设计师选择以壁灯、立灯及桌灯等间接灯光来点缀角落空间，同时不忘将客厅此座已使用多年的大型双层水晶吊灯送厂整理，调整长度后重新垂挂，改善原先沙发区光源不足的困扰。

挑高区的侧边墙面也嵌入数个小方块壁灯作为照明，而更多的自然采光则来自于餐厅后方的大片落地窗与玄关墙面上方的采光窗。在整体气派的考量下，在真正的采光窗窗旁加设两座百叶窗扇，如此一来，一整列壮观且对称的墙面窗户，完整打造出立体感的客厅区域。

SPACE
PLANNING 空间规划

坐落位置|台北私宅　建筑形式|透天别墅　空间坪数|室内约 60 坪　居住人口|父母、女儿　室内格局|1F：内外玄关、客厅、餐厅、厨房、客厕；挑高 2F：主卧室（含更衣间、浴厕）、次卧、客浴；3F：女儿房（含卫浴、更衣间）、1.5F 书房兼泡茶空间、书房兼起居室；地下楼：储藏室、客房、起居室　主要建材|义大利进口抛光石英砖、浅金锋石、锻铁、夹纱玻璃、杜邦人造石、进口壁纸、人造皮革、烤漆玻璃、马赛克砖、花砖、木作、系统柜、超耐磨地板、灯饰、订制家具、ICI 涂料

Through symmetrical interlaced proportion of level and vertical in the hightened space and simple modeling of the ceiling construct entire modren American space style.

1. 横线壁板延续空间的整体性，以中岛作为客餐区的隔间，动线与采光更为良好、清爽。2. 以鹅黄色和白色铺陈整体空间，精致而不过于繁复的雕饰，突显美式的舒适优雅风格。3. 壁炉两侧线板延伸顶端，让视觉延展至挑高空间的天花板和水晶灯，客厅空间形成完美聚焦。

除了外在美型的装饰，不能遗漏的还包括小坪数最重视的收纳机能设计，客厅与后方用餐空间的中央以中岛柜相隔，双面柜体可以放置为数不少的红酒，也能容纳不少用膳餐具；左侧上楼梯前的边柜在不影响动线的设计下，亦提供足够的空间摆放监视器与电器用品；重新调整格局后的ㄇ字型厨房，以女主人偏爱的紫色花砖和木作餐厨吊柜为主色系，齐全的收纳柜体，更强调此区的机能性与纯然美式的俐落个性。

在卧房空间的收纳设计同样不马虎，辟出独立的更衣室，将屋主全家人的私密生活空间更显开阔，至于小物件的收纳，则沿着窗台木作的条状式中腰矮柜，是将所需柜体量化繁为简的精准做法，同样达到生活动线流畅而不显压迫感受，并满足兼具书桌、化妆台或是边榻多重用途的需求。

情境用色装饰，展现优雅品味

而空间色调的挑选原则，更是以展现人文品味的方式进行。设计师对于空间中的各个区域，以壁纸和漆料着墨铺陈，使用不同的色调营造高品味质感，但不变的是都能让人充满温柔净透情绪，尤其在与白色线板一同搭配后，产生的舒适美好视觉更是不可言喻。

以父母的主卧室为例，梁柱间漆上淡淡的薰衣草紫，展现略带稳重的优雅韵味而不老成，当大面光线映照在淡蓝色床头绷布上，感受与春天相遇的迷人气息。而女儿的 3 楼卧房与经常练琴阅读的 2 楼起居客房，墙面采用柔美感性特质的英国品牌 LAURA ASHLEY 壁纸，粉蓝与粉红色系的细腻铺陈，均以略带水彩画质感勾勒出的花朵图案，展现静谧中美式与英式混搭的优雅。

壁面与家具、画作和灯饰的相衬烘托，则是引导空间立体的重要功臣；回想内玄关的墙面壁纸，在六角窗光线和壁灯的映照下，略为描边的花朵正吐露着淡雅恒常光泽。房间里垂坠的水晶吊灯，同样与壁纸的柔美图腾互成焦点。

空间里看似随意摆放的画作，实则经过屋主细心挑选，从地下楼的按摩休息室的莫内复制画，到客厅壁炉前的风景油画、餐桌壁面的抽象系列作品，进入卧房前的油画小品，随处都能让视线沉浸于美学的意境里。

1 2

1. 主卧室采用女主人偏爱的薰衣草蓝紫色，加上美式边柜与蓝色床背板的处理，高贵大方。
2. 垂坠巧致的水晶吊灯，将粉彩油画质感的壁纸烘托出现代与古典兼具的起居空间，简单唯美中可读见设计涵养。

Functions as the main starting point of design, with the scale configurations that bring into the high taste and life rhythm of the homeowner integrates the precisely planning category of the space.

凝聚生活动力的幸福提案

由空间里的墙面装饰调度，可以看见设计师如何巧妙地将壁纸与彩漆、线板 3 样拥有相似灵魂的元素互相搭配使用，掌握一定的彩度与明度进行调合表现，与光线结合，成功型塑出空间的独特品味与浪漫情怀。

旧空间中的部分格局必须加以更动，以符合实际生活机能便利的强烈需求。举例来说，时光变迁后产生最大差异点在于卫浴空间，重新拉宽隔间与更动门位，减少空间的浪费，是翻修时最大的改造工程，完成干湿分离与浴室色系风格的设计，让家中各个成员都能拥有最舒适、最静谧自在的沐浴时光。

透过精致简约的造形元素，丰富空间的转折环绕，"家"由名词转为动词，在清爽不单调的基调中充盈出美学意象。设计师深度透析屋主的生活习惯与偏爱元素，而屋主全家人的共同参与，让设计方向更为精准，恰好的适度装修，无一角落受到遗漏轻视，整栋别墅在精致且精准的规划设计下完成，当身心与空间一同以和谐态度居住，完成后的家也更接近屋主所期盼的梦想轮廓，陪伴全家共同通往幸福的空间旅程。

1 2

1. 女儿房采用柔和的水蜜桃色为主色系，多功能使用的双面矮柜，增加空间收纳规划，让卧房空间净亮流畅。2. 卧房中的浴室磁砖改采较深的紫色，好区分空间层次，但不变的是线条窗框的设计，仍以美式精神为设计主轴。

1

2

ABOUT
STYLE 风格元素

1. 内外玄关演绎出气势风范

外玄关转入内玄关的腹地区块，设计师着重两个重点：六角型窗设计为下方可收纳的窗边卧榻，成为进入客厅前的停驻点；同时结合一旁订制古典腰柜，除可放置衣帽外，同时能在此休憩及欣赏此优雅端景；并藉着两旁罗马柱，营造内玄关与客厅间的情绪转换，中间嵌入灯体减少沉重感，兼具展示柜功能。

2. 细部设计延续主空间风格

改动一楼客厕的开门方向，让相隔的厨房获得完整较大空间，同时改采二进式取代旧屋时客厕的封闭狭窄；延续主空间风格，客厅的鹅黄色漆一路延续至此，并以蓝色系跳色马赛克砖营造低调奢华风情，特意选择蕾丝夹纱玻璃面盆，以华丽主题突显此区域的奢华亮眼，充满古典与现代并陈的精致风情。

3. 视觉立体化的焦点铺陈

客厅挑高空间中形成的沙发区域，并非直接位于客厅的中心位置，因此设计师在天花板中以宫格相互对称的线板设计，让水晶吊灯的位置能靠近沙发而不感觉偏倚，多层次线板与双层垂坠串珠的水晶灯，相互烘托。同时视觉也因与壁炉延伸至顶的直线线板产生串连，拥有一气呵成的挑高美感。

3

Luxury Which Hides 美式优雅 心动豪宅

考量豪宅气势所需之宽敞视觉，设计上先以白色为主调来增加细腻质感，同时利用灵活的玻璃拉门设计扩大客厅范围，使公共区域的景身顿时倍增，并巧妙地利用书房隔间墙作造型装饰，成就美式心动豪宅。

采访撰文 | Fran 空间设计 | 晨阳设计

DESIGN STUDIO 设计档案 NOTE

晨阳设计团队

参与设计｜曾晨纬、陈凤莉、张佑纶、曾宏凯

地址｜桃园县南崁吉林路 130 号 4 楼、台南市东区龙山街 105 号 9 楼、高雄市鼓山区美术东六街 115 号 2 楼之 2

By the white primarily, the matching opening patterns,
enables the space to have the enlargement effect.

虽然每个人对于住宅的需求与见解不尽相同，但是，好的地段与优质的空间绝对是大多数人对好宅的基本定义，尤其是无可取代的珍稀地段，不仅造就不菲的地价，连带也让房子的价值大为提升，这栋距离中坜火车站仅 150 米的建筑，便是座拥绝版地段的优质住宅。

高规格与品味设计，增加豪宅价值

为彰显此案地段的珍贵性，建设公司不但以更甚于台北知名豪宅的国际级防震规格，选用新日铁结合美式 EPS 及位移斜撑的设计工法，创造出"中坜第一防震名宅"的豪宅新标竿，同时在坪数规划上也选择以大坪数空间来营造不凡豪宅气势。而为了要能展现出第一名宅的品味与质感，晨阳设计团队特别在空间的规划上采取时尚与奢华并存的精品风格，将原本三加一房的大宅格局再提升，展现出豪宅的宽敞与晶灿美感。

首先于玄关处，晨阳设计团队特别选用大马士革图腾壁纸，来与茶镜边框的双材质搭配，铺陈出入口的奢华印象，其中不同材质、相同花色的图腾设计也展现出设计的细腻变化。

1 2 3 4

1. 客厅与书房以穿透性玻璃隔门区分，可灵活运用的拉门让大厅的视觉有更多变化。2. 客厅造型墙以银白石墙搭配镜面，展现客厅区清雅不失庄重的气氛。3. 入口玄关处以大马士革花纹壁纸及茶镜喷花玻璃的搭配，营造出镜厅效果，简洁银色鞋柜设计下方则以间接灯光修饰。4. 卧房区走道因为书房的玻璃隔间墙装饰而显得华美、明亮。

SPACE
PLANNING 空间规划

坐落位置 | 台湾 . 中坜　建筑形式 | 花园大厦　空间坪数 | 室内 73 坪　居住人口 | 四人　室内格局 | 入口玄关、客厅、餐厅、书房、主卧室及二间房间　主要建材 | 抛光石英砖、胡桃木地板、不锈钢金属拉门、10 毫米强化玻璃、茶色玻璃、茶镜、壁纸、米白喷烤漆、雪白银狐大理石、波斯灰大理石、皮革壁纸

白色主调与灵活格局，打开空间气势

考量豪宅气势所需要的宽敞视觉与客厅面宽，设计上以白色作为主要色调，再利用白色线板来增加细腻质感，同时也藉着白色坐收放大空间之效。设计团队将整个公共区域采以开放式格局，不仅藉由无隔间的客厅、餐厅，甚至直到厨房空间来创造大面宽视觉，同时利用灵活的玻璃拉门设计，将客厅后方的书房也纳入客厅范围，使得公共区域的景身顿时倍增，同时设计师也巧妙地利用书房的两道隔间墙作为造型装饰设计。首先，可以见到间隔客厅与书房之间的穿透玻璃拉门，平日可以完全打开以增加视觉广度，而一旦关上拉门，则可望见黑色饰条的格子窗透过精密计算后既展现现代俐落美感，又完全不会遮掩视线；而另一个视觉焦点则是放在书桌背墙，金色皮革纹壁纸的晶亮质感，以及镜面门柜所辉映的奢华让整个公共空间有了最闪亮的焦点，营造出时尚却低调奢华的室内气氛，也成为整个个案的设计精髓。

Each lamp's brightness, the modelling, as well as must check strictly regarding the spatial decoration effect.

1	2
	3
	4

1. 设计师在室内多处以镜面材质的装饰，搭配灯光的运用，让空间呈现晶亮如精品店般的氛围。2. 客厅造型墙以银白石墙搭配镜面，展现客厅区清雅不失庄重气氛。3. 开放的餐厅空间宽敞舒适，波斯灰石面造型墙与餐柜相呼应，漆亮的餐桌与水晶灯在白色主空间中更显高贵。4. 白色厨房成为餐厅的最佳背景，设计师巧妙地将此区的结构柱包覆于高身柜内，同时提升此区更完整的收纳机能。

多处镜面材质运用，成功延伸视觉

电视主墙设计以雪白银狐的大理石材做为主视觉，两侧搭配镜面材质做出对称装饰镜设计，不仅让空间的视觉有继续延伸放大的效果，同时简约的线条别有一股低调的细致品味。沿着客厅主墙向外展开，可以延续到餐厅造型石墙，美丽内敛的波斯灰大理石造型墙除了可以增加此区的设计感，也可修饰掉不平整的结构柱问题，为增加视觉的变化性并在造型墙上配置展示洞来强化装饰感。造型墙与餐区另一侧的黑框玻璃餐柜遥遥相对，更加烘托出漆亮餐桌与水晶灯的晶灿、奢丽的氛围。

随着书房的开放格局间接修正了狭长的卧房区走道，并且正式进入私密空间，3 个房间设计各具特色。主卧室延续了华丽的调性，白色壁板与具有光泽的绷布床背板，再搭趁贵气图腾的窗纱布置，展现备受宠爱的空间气氛，而小巧精致的更衣间连接着拥有 11 楼窗景的奢华浴室，大幅提升空间享乐指数，展现了豪宅的精粹设计与价值。

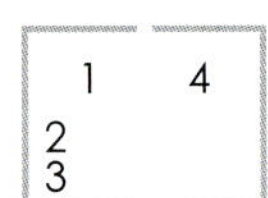

1. 书房提供主人独立的阅读静思空间，也是整体设计的华丽焦点，展现出时尚美感。2. 女孩房内以雅致配色搭配公主幛来妆点出浪漫的气氛。3. 主卧室浴室不仅设备奢华，优雅的景致更提供豪宅生活贴心与舒适的至高享受。4. 主卧室延续华丽调性，具有光泽的绷布床背板，再搭趁贵气图腾的窗纱布置，展现备受宠爱的空间气氛。

1

2

3

ABOUT
STYLE 风格元素

1. 大马士革图腾创造奢华时尚感

在玄关入门处，设计师以同样花色的大马士革壁纸图腾与茶镜来铺陈，让宾客立即感受室内贵族质感与时尚气息，成功创造奢华美感。

2. 镜面书柜及金色皮革创造时尚焦点

书房内采用皮革贴面与镜面的书柜门交错搭配，除具收纳机能外，也具有展示品味的效果。值得一提的是，书房拉门采用金属材质，加上 10 毫米烤漆玻璃，更具有隔音效果。

3. 波斯灰大理石墙与水晶灯创造奢华餐桌气氛

在整个白色的公共空间中，餐厅区的波斯灰大理石造型墙特别显眼，且与餐柜遥相呼应，搭配漆亮的餐桌与水晶灯更显出高贵品味。

与美式新古典梦幻邂逅

Wonderful Esthetics

美式新古典主义一直受到都会雅士的喜爱，从改良的古典主义风格衍生而来的美式新古典主义，不似古典主义的奢华辉煌，带着欧洲丰富的艺术文化，具创新的设计思想呈现华贵的优雅。材质、色彩承袭古典元素的精致风格，具传统的文化历史背景，藉由家具订制，软化线条的生硬，弥补不若古典璀璨华丽的繁复表情。

撰文｜Joanna 空间设计暨图片提供｜Great Vision 远喆室内设计

空间中透过颜色比例、软件装饰、手工灯具、女主人亲手绘制的画作，整合出美式新古典的优雅氛围。

美式新古典风格在安排上，仿古家具、软件、灯饰占有极大比重，因为当中细腻的手法及呈现方式，融入现代或时尚奢华的语汇，都不至于让空间流于俗艳或不适当，正是因为美式新古典风格兼备欧洲文化及背景的传承与包容张力，生活在当下，让人倍感温馨舒适。

订制家具 展现美式新古典的优雅大器

从比例、颜色、线条、光影、氛围当中，优雅完美地解释美式新古典的范畴，一直是黄琪玲的专业及设计创意思考方向。

由于屋主为年轻新婚夫妻，设计美式风格以活泼轻盈为前提，给予适当立面留白，不做太多线条夸饰，保留空间予女主人挂置手绘油画，纪录生活上旅游的点滴。黄琪玲强调家具软件包含灯具，多是以订制为主，如此较容易掌握美式新古典的氛围意象，同时突显男女主人生活的品味及特质。

玄关区域以画框式线板、茶镜、壁纸的层次效果，衍生美式新古典的风格意涵；一旁鞋柜以隐藏式的线条处理，悬挂式的设计、间接光源的引导，延伸视觉尺度，天花透过手工订制的水晶吊灯灯饰处理，流转的光影效果，轻易地勾勒出时尚奢华的语汇。客厅区域利用线条、布料，订制沙发的优雅表情，间接的延展视觉的尺度，角落里层架的安排，铺放男女主人旅游时的纪录点滴，背景颜色的跳色处理，让此处成为视觉焦点。主墙面以石材温润自然的纹理，包覆空间精致优雅的表情，后方以架高实木地板、玻璃推拉门扉与书房作区分。

1 2

1. 客厅主墙以石材为背景，TV 及视听设备以镶嵌的方式规划，保持介面的协调及完整度。
2. 公共空间均以开放方式规划，展现空间开阔、大器的尊贵气势。

DESIGNER NOTES
设计师档案

Great Vision 远喆室内设计公司

强调家具、软件、灯光的有效融合，建立空间风格更完整的表情。家具的订制在美式古典氛围诠释上，占有一席重要的地位，本案以订制家具展现美式风格的精神，透过比例、颜色、对称语汇的设计，呈现独树一格的生活专属经典时尚。

设计总监 | 黄琪玲

地址 | 台北市合江街 144 巷 28 号 1F

SPACE PLANNING
空间规划

空间性质 | 电梯华厦

座落位置 | 台北市

室内面积 | 90 坪

室内隔局 | 玄关、客厅、餐厅、厨房、主卧、更衣室、主卧卫浴、客房、客用卫浴、书房

主要建材 | 抛光石英砖、大理石、柚木、进口壁纸、钢琴烤漆、手工订制水晶吊灯

The perfect spatial concept,should not by the too many decoration control,be supposed to return to original state the spatial original expression, will retain for the housing person lives in the future the spatial development possible value.

运用灯具 活化空间美式精神

由于男女主人均爱下厨烹调料理，厨房以开放方式规划，吧台兼备中岛的使用机能，更成为与客厅、餐厅界定的中介因子，壁面以烤漆玻璃材质安排，后方电器柜的设计，则运用钢琴烤漆，强调方便整理。吧台区利用实木，突显自然意象，设计师设计的吧台椅，与台面的调性如出一辙，引申出生活自在、随性的意识及态度。

餐厅以垂吊性为特色的手工订制的水晶吊灯灯饰，古典线条的桌椅，墙面各式画作，展现着屋了主人的独特性格，而与客厅、厨房的开放式设计，延续大器开阔空间感受。

主卧衣柜以白色为基调，线板融入隐匿式的开口，连贯更衣区及卫浴空间，主墙透过美式语汇的线板勾勒，延续公共空间的古典气韵。

黄琪玲强调以美式新古典的创意理念及细致优雅的氛围形塑，抽离现代主义冷漠意象，将大量具有美式古典风貌的元素注入空间，结合细腻的工法、家具的订制、光影融洽的比例建构，并用色彩去强调，让整个空间设计发挥完全品味的艺术价值，赋予生活环境真实意义及人本价值，随着生活品质的逐渐被要求，对于精神层面适切的安排，成了一种必要。

1 3
2

1. 餐厅利用半高的书柜，成为与客厅的界定因子，手工订制灯具铺陈出温润高雅的光影氛围。
2. 书房位于客厅主墙后方，动线、收纳的规划均以男主人的需求设定。
3. 利用实木突显吧台区域自然风格，由设计师设计的吧台椅，与台面的调性如出一辙，引申出自在生活的态度。

Editor's Recommendation

>> 编辑最推荐

01 流转奢华 时尚光氛效果

←藉由端景介面的层次设计，柜体悬挂式设计发展出的视觉延伸效果，搭配手工订制的水晶吊灯灯饰，完美的开启空间精致奢华的表情。

02 藉由订制家具呈现美式新古典风格概念

↑↗空间里透过家具的订制，有效的传递出美式新古典氛围的优雅因子，沙发从布料的选购、材质、颜色、线条的图腾布料设计表现方式，延展视觉的感受主人优雅的生活品味。

1
2 3

1. 主卧区域主墙设计，以美式语汇的线板勾勒，延续公共空间的古典气韵。
2. 卫浴空间以仿制五星级饭店式的机能及质感，增加生活优质感受。
3. 客房的设计以简单的语汇及线条铺陈，强调休憩时舒适宁静的意涵。

精工淬炼 典藏气势锋芒

New Illustrious Classic

从近代开始发源的美学概念，观察现阶段空间设计的发展，其实都与使用者的生活品味息息相关。一贯坚持“专业、用心”的 IS 国际设计，透过新古典美学的深度展演，幻化为感官画面极致优雅的张力表现，设身处地加上浓厚的人文情感，打造这座兼具时尚奢华与古典细腻的优质大宅，无与伦比的尊荣气势。

撰文 | 林雅玲　摄影 | 梁康维　空间设计 | 西点室内装修 / IS 室内设计

气势壮阔的客厅以和谐的大地色彩加以整合，自天花板层次延展的水平线条与大面石材纹理相呼应，展现不凡风采。

DESIGNER NOTES
设计师档案

西点室内装修工程有限公司 / IS 室内设计工作室

IS 国际设计团队以精练的线条架构、沈稳色彩，加上灵活运用的各种风格题材，结合现场美仑美奂的情境营造与机能动线，勾勒各种创意与空间水乳交融的精彩，强调格局应有的开阔气度，也适度简化繁复的装饰，以不带一丝匠气的精湛技巧，完美呈现浪漫新古典气宇轩昂的无限可能。

设计总监 | 陈嘉鸿
1965 生于台湾
1985 复兴工专机械科毕
1996 优识企划成立
1997 IS 室内设计成立迄今

地址 | 台北市松山区民生东路五段 274 号 1 楼

SPACE PLANNING
空间规划

座落位置 | 台北 . 天母
建筑形式 | 电梯华厦
空间坪数 | 室内约 70 余坪
室内格局 | 玄关、客厅、餐厅、厨房、琴房、书房、主卧室、2 间小孩房、4 个卫生间
使用建材 | 安丽格木皮、水波枫木、多种天然石材、茶镜、墨镜、期货壁纸、海岛型木地板

随着物质欲望的增加，显现一个以消费为主导的社会潮流，而在这个快速变迁、随时都不断出现崭新形态的世界里，什么程度的满足，才是富于自我品味的社会层峰，才是与当代顶尖空间规划者的共同目标。

圆融奢华的层峰气度

本案很幸运地能在预售阶段就开始着手规划，过去累积的好口碑，让期待卓越生活品质的主人，将 IS 国际设计作为不二人选。设计师陈嘉鸿接手后，除了依照屋主一家人的实际需求，精心规划机能完备的大器生活空间，风格主题更融合低调奢华与古典美学的线条精华，逐一配置包括气势不凡的迎宾客厅、餐厨区、可随机变化弹性机能的琴房兼书房、以及全套房配备的 3 间卧室等，透过设身处地的体贴与美仑美奂的艺术性，让生活每一天都是与众不同的梦幻体验。

一进玄关，备受礼遇的尊荣气度迎面而来。为了营造轩昂的第一印象，整体架构上彰显层次分明的饱满意象，避免不必要的区隔压缩了开阔视野，并因应门向与考量实用性，设计师特地在正对大门的墙面设置一座精致端景柜以汇聚焦点，必要的收纳机能则集中于大门右侧，弧形收边的典雅造型镜柜内，完整的立面设计展现低调的收纳艺术，兼顾避免视线直入餐厅的心理安全诉求，干净俐落的手法，为此大宅生动的第一印象做了绝佳诠释。

接下来顺着大门两侧对称外凸的包框设计，精彩勾勒力与美兼备的客厅电视主墙造型，精选石材优美绝伦的天然纹理，在周边多重光源的烘托下倍感细腻，成为最能彰显独特个性与内敛气质的装置美学。石材主墙下方搭配尊贵的银箔视听柜，恰到好处地与沙发背墙横向线条勾缝相互呼应，贵族般优雅的空间气质呼之欲出。此外，生活机能彼此紧密串连的公共空间内，依梁向均匀分布的分区天花造型是一大特色，刻画精准的水平线条层次丝缕鲜明，生动的立体感将三度空间的结构美描述得淋漓尽致，特别是在餐厅区，甚至连空调回风路径都一并整合在俐落的天花造型中，越见规划与实际施作间的零误差哲学。

1 2 3

1. 刻意简化的沙发背墙，仅以并列的勾缝线条完成背景处理，完美烘托精选的家具、灯饰、艺术品。
2. 空间中极度讲究的线条美感，一向是 IS 国际设计最具辨识度的精湛工艺项目。
3. 视野辽阔的公共空间采用开放式规划，透过分区天花造型与玄关双面柜巧妙界定客、餐厅属性。

IS Design has been aiming at achieving exquisite works and searching better solution.

The interaction between materials and diverse lighting can be seen in the space, even in an inconspicuous corner.

大气天成的生活美境

开放规划的餐厨区光影缤纷，丰富的机能与浪漫情境兼容并蓄，是家人与访客最喜爱停留的地方。其中用来界定玄关与餐厅两区的弧形高柜设计，事实上拥有精巧的双面机能，分别提供玄关与餐厅更大的便利性。圆融餐桌旁对称处理的端景墙气势十足，石材精心打造的"ㄇ"字形边框搭配两端典雅的百叶餐柜，特别是中央茶镜导角拼接的视听墙背景，洋溢着活泼的镜面开窗效果，让空间感更为开阔。另一侧以晶润银狐石材一路从中央过道延展到厨房工作区的背景设计，刚好可以作为出色的艺术品的展演舞台，成了这里充满人文气息的 Home Gallery。厨房工作区除了人性化的动线与互动机能，整体设计强调生活与多元的娱乐性，包括便利的餐台与靠墙一气呵成的综合家电柜、收纳柜，共同编织悠闲又愉快的餐叙时光。

其他单元规划同样能欣赏到空间的重复利用创意，例如安排在客厅主墙后方的书房，前段较狭长的地带安排典雅琴房，有效发挥地坪的最高效益，琴房再向内走就进入更私密的休闲书房，两者之间以轻巧拉门相隔，特别是利用茶色玻璃与天然实木共构的立面线条，展现穿透力绝佳的弹性设计。而书房也不只是兼具和室机能的休憩与阅读空间而已，除了一整排气势惊人的书柜巧思，陈嘉鸿还利用架高地板下的闲置空间扩充储物空间，让这处新古典大宅可以随着人们生活的步调聪明进化。

1	2

1. 餐厅端景墙以石材精心打造的"ㄇ"字形边框搭配两端典雅的百叶餐柜，整体气势十足。
2. 光影缤纷的互动餐厨区，丰富的机能与浪漫情境兼容并蓄，是家人与访客最喜爱停留的地方。

情味无限的休憩空间

灵活运用各种材质特性，创造相异材质结合后的全新感受，也是IS设计团队表现各种多元意象的精湛技法之一，例如中央廊道沿线结合了艺术品摆饰、房间门片造型、各种材质立面质感、精确的灯光计划等等，同时更结合灯光与天花板造型，为单调的廊道改写行进间的种种趣味，丰富空间的结构张力。除此之外，为了满足下一代学习教育需求，设计师特地在通往卧室区的过道中段增设隐藏式拉门，便于在不同状况下适时区隔公共与私密空间，即使有客人到访也不会影响孩子们的学习或其他家人作息。主卧室的古典浪漫风情令人印象深刻，整个空间柔和的用色，积极展现出沉稳而优雅的内敛气质，立体鲜明的床头造型，融入简化的美式古典因子，透过比例精准的方格堆叠营造视觉符号，床头左侧镶嵌局部镜面，局部反射空间与光线，俐落的层次线条开阔视野，与天花造型流畅的线条美感相辉映。室内并附设精美的更衣间与专属卫浴，专属的奢华浴室内，尊荣的加长台面呼应时尚大面镜，一次涵括机能与视觉、情境的交流互动、光影的处理及材质颜色的运用，架构出所谓的高规格生活态度。

Editor's Recommendation

>> 编辑最推荐

01 材质展现连续美感

↑↗通往卧房区的中央走道一直是大宅类别中颇为棘手的项目，为了化解带状空间的冗长、单调、密闭感，设计师结合石材与木料条纹两大材质，搭配天花造型与情境灯光，加强富于层次的连续美感。

02 善用畸零空间丰富生活机能

↓进入书房前段较狭长的地带安排为典雅琴房，设计者善用畸零，有效发挥地坪的最高效益，琴房与休闲书房两者之间以轻巧拉门相隔，特别是墙面利用茶色玻璃与天然实木共构的立面线条，展现穿透力绝佳的弹性设计。

1
2 3 4

1. 主卧室立体鲜明的床头造型讲究精致细腻的线条美感，展现集造型与品味于一身的新古典风情。
2. 卧室床头墙面左侧搭配局部镜面，对话落地窗的丰富天光，让视觉感官变得更活泼。
3. 备极尊荣的主卧浴室设计。
4. 书房不只是兼具和室机能的休憩与阅读空间而已，除了一整排气势惊人的书柜巧思，也利用架高地板下的闲置空间扩充储物机能。

现代大宅
MODERN MANSION

Illusion Housing 享乐层峰 聆[illegible]梦幻

除了追求更契合于屋主精致品味的环境外，设计师朱英凯为了打造屋主向往多年的梦幻音响室，集结各领域之菁英与一时之选的建材，从硬体环境、音响器材到多室音乐系统的设定等，所有规划均以屋主梦想为规格，创造出独一无二的专属影音空间。

采访撰文 | Fran　图片提供暨空间设计 | 朱英凯设计

DESIGN STUDIO NOTE 设计档案

朱英凯室内设计事务所

从事室内设计多年，朱英凯始终坚持走自己的设计路线，而不流于市场导向。从纯艺术领域跨入室内设计的朱英凯，以其艺术家的观点，跳脱一般设计师光看动线、格局或机能规划的窠臼，确实地将人文的元素注入空间。同时也积极地与屋主分享生活，让空间除了是保护家人的避风港外，更是凝聚家庭的向心磁铁。

地址 | 台中市南屯区南屯路二段 420-2 号

位于台中这个充满人文艺术气息的环境之中，不仅住宅空间较为宽裕，生活步调较为人性，连设计师对于居住者的心情照顾似乎都多了几分用心。

再续前缘，一起打造梦幻别墅空间

谈到这栋地上 5 楼、地下 1 楼的独栋别墅空间的规划，设计师说与其说他是设计师，倒不如说是设计师陪着屋主一起朝着梦想前进，将屋主长久以来对于住宅与心中的梦想藉着这个空间一一实现。因此，整个设计充满屋主独有的生活思考，以及设计师对于品质的坚持。在慢工出细活的过程中完成这个满怀着梦想与实验性的空间。在多年前即曾经延请朱英凯为台北住家装修设计房子的屋主，不但相当满意当时的设计，后来也一直保有联系，于是，在去年屋主希望回到父母居住地台中购屋置产时，立即联想到现在人在台中的设计师朱英凯，有了以往的信任与经验，双方更有默契地从新居的毛胚屋开始，一梁一柱量身订作出自己的新居生活。

Each man can truly fulfill his own luxurious dreams. My personal life and work revolves around this philosophy.

SPACE PLANNING 空间规划

坐落位置 | 台湾 .台中　建筑形式 | 庭园别墅　空间坪数 | 约150坪　居住人口 | 二人　室内格局 | 1F: 玄关、客厅、餐厅、厨房；2F: 主卧室、更衣室、起居书房；3F: 长辈房、客房；4F: 书房、起居区、洗衣室；5F: 品茗区、瑜珈区、空中花园；BF: 视听室、双车库　使用建材 | 花蝴蝶大理石、卡拉拉白大理石、黑岗石、金属砖、钢琴烤漆、茶色玻璃、茶镜、锈金壁纸、日本陶药漆、曼特宁涂装木皮板、灰色秋香涂装木皮板、皮革、实木条等

1　2　3

1. 黑白与深褐色的经典组合，给与沉静的氛围，而餐厅区则利用双厨房门与主墙装饰出公共区的焦点。2. 厨房虽不夸大，但洗炼干净的线条成就了无瑕的视觉享受。3. 开放设计的客餐厅设计，突显出通透的好格局与采光。

简单线条与名牌家具，突显俐落空间视觉

设计师说因为实际居住的成员仅有夫妻二人，而且深知屋主对于休闲生活的注重，因此在格局配置上不似一般豪宅地着重于客、餐厅的大排场，而是以精致、细腻的设计来取代奢华，再搭配进口 Cassina 家具的辉映衬托，展现出屋主对于经典家具的钟爱与推崇。由于房子的基地位于连栋建筑的边间，因此采光条件相当优异，加上屋主喜欢简约现代的色彩质感，于是从家具到硬体装设将整个空间设定以黑白经典色泽，衬映着大落地窗的绿色景致，展现出闲适有度的简约风情。在餐厅中，为了突显屋主亲自钦点选购的繁星灯光，整个餐厅采用黑色装饰主墙搭配 Cassins 餐柜，而左右两侧则为对称的屏风设计，让这个区域在俐落美感中增添几分内敛气质。

在私领域设计上除了将 2 楼整个规划为主卧室外，孝顺的屋主贴心地在 3 楼为双方父母预留了 2 间长亲房。卧房的设计着重于细腻的质感，并以顶级钢琴烤漆来做铺面，整个极简而优雅的设计也让屋主大为满意。

The luxurious villa samlessly blends in with the nature & morden.
A good space needs elegant arranging to show the taste of house owner.

1	
2 3 4	5

1. 主卧房以巧克力色系为主，房内除了有大更衣间外，同时以烤漆柜及床边柜等设计来提升收纳机能的多元性。2. 客房内不见花俏装饰，而是运用机能性的烤漆橱柜，搭配灯光来变化不同的造型美感。3. 为改善因建筑形成的不对称长窗，特别在床头柜后方隐藏设计了推拉门以取代窗帘，屋主可自行选择关窗或保留窗景。4. 长辈房巧用墙面空间来规划衣柜、书桌区及装饰柜，让不大的空机也能机能十足。5. 主卧室内还规划有简便的阅读区，另一方面在窗户边也设计有对称的装饰柜来增加视觉变化。

千万音响室，打造梦幻聆赏空间

由于人口简单，室内 150 坪空间仍有余裕来满足夫妻二人的暇余生活。因此，设计师经由讨论将 4 楼设为书房与起居区，除了延续着黑与白的现代风格外，也加入北欧木质的温润视觉，而专业的咖啡设备则提供给在此阅读者温暖的味觉与感觉，让午后的时光更加惬意。登上 5 楼可以发现有空中花园的美景，这个区域也是女主人做瑜珈练习的场地，搭配户外绿意与品茗设备，更能达到心灵平静的效果。

除了让女主人放松的休闲空间外，整栋建筑最精采的设计其实是落在地下室的音响室。宽达十坪的专业视听空间内，不仅对音响本身要求很高，所采用的器材几乎全为欧美的旗舰级产品，震撼视觉的投影荧幕是采用全台湾唯一 151 吋的 2.35:1 固定式弧形幕，而专属的四支环绕喇叭则选择专业级的崁入式机种，为此在空间设计上还特别量身订作。此外，四面墙与天花板上都做了吸音与扩散的处理，不仅仅空间内需克服助波的低频陷阱问题，连前方走线槽也都精心设计过，有别于一般单纯线槽。设计师解释，如此梦幻级的视听室其实是屋主常年辛苦工作后慰劳自己的梦想空间，因此，除了设备等级极高，最重要的是整个设计源自屋主本身视听习惯及偏好，再经由工程师写程式设计而成，也是举世无双，因此更让屋主有备受宠爱、实现梦想的喜悦感。

1
2

1. 在 4 楼书房外的梯间运用空间设置一玄关端景，并用茶色玻璃与细致铝框做区隔以增加空间层次。2.4 楼书房运用墙面上下柜设计，搭配灯光及开放展示柜的规划形成装饰墙。

ABOUT
STYLE 风格元素

1. 音响室内四支环绕音响柱

为了固定四支崁入式环绕喇叭，特别以日本陶药漆来装饰柱体，使音响设备与空间品味能融为一体，而天花板波浪型的造型同样具有吸音及美化空间之效。

2. 客厅 Cassina ASPEN 沙发

客厅依窗而坐的 ASPEN 沙发成为视觉焦点，这张由 Jean Marie Massaud 设计的流线家具也适度地将屋主内敛却不流于传统的品味表露无遗。

3. 餐厅主墙及餐桌主灯

餐厅区利用黑色主墙及对称屏风隔开厨房空间，同时搭配名牌家具来齐备生活机能，而餐桌上方的吊灯则在黑色主墙的衬托下，更能闪烁出独特的个性之美。

享乐魔力 风格更型

Free Soul

为了让设计有更好的呈现，艺念集私从不为自己的风格设限，并进而发展出更多元的空间面貌，无论是人文艺境、现代主义或者自然风格都可见其精采画面，每个空间充满居住者对生活的对话，以及设计师无限的设计力。从艺念集私的作品中唯一找出的共通点就是对生活的热爱与享乐，这样的概念源自设计者本身，并影响着居住者，常常让屋主舍不得出门，甚至让家随时有开派对的气氛。也实现设计让生活更美好的设计初衷，验证艺念集私不仅想把设计做好，更希望以自己不羁的设计灵魂，让美学进入居住者的生活之中。

撰文｜Fran　空间设计暨图片提供｜艺念集私空间设计有限公司

人文思考享乐艺境

住宅的美，在于寓含了居住者的人文思考，并将之化作空间的语言，让居住者可以与之共存、共乐。

住宅设计有了人的轨迹才有真正的生命，因此，艺念集私特别在乎居住者的生活观点，让设计的存在意义在涵括必要机能、空间整体规划之外，还特别将居住者曾经有过的生活经验或难忘记忆化为实际的居住美学，可能是餐厅区的石雕壁画、可能是小孩房内梦海天空、或者是玄关凿壁岩石的触感、或者挂上家徽的透明酒窖，以及水泥灌浆的吧台等，这些特别的人文经验不只成为独特的空间语汇，同时更是与家人共享的乐活艺境。

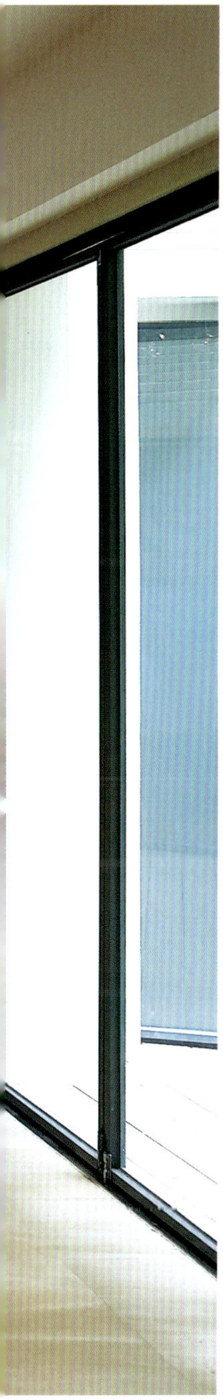

DESIGN STUDIO NOTE

设计档案

艺念集私空间设计有限公司

坚持以创意作设计的出发点，使艺念集私的空间作品得以不断求新求变。希望给予每一个空间独特的主题，设计团队不仅考量实际的空间条件与业主需求，同时藉着敏锐的时尚嗅觉及丰厚的美学素养来滋养设计，再运用混搭的风格手法，创造出多元文化的绮丽空间，使居住者更乐于停留在这个环境中。

设计总监 | 张绍华、黄千祝

台北地址 | 台北市 105 健康路 325 巷 6 弄 21 号 1 楼

台中地址 | 台中市 408 南屯区永春东一路 716 号

自然通透慢活乐土

以心为原点，从生活出发，回归简单自然的思考，大量运用阳光、空气、水等自然元素，打造这片使人、设计、环境共存并重的和谐乐土。

挑高的落地光影、无框的通透景致、难得的都会水瀑、放松身心的蓝天泳池，这些令久居尘嚣的都会人望眼欲穿的慢活美景，在艺念集私的整体规划中却似天生自然，实现了许多居住者离尘不离城的梦想人生，让忙碌的城市佬不用再苦等假期、不需要牵就枯燥生活、更不要委屈空间视觉，只需回到自己的一方慢活净土，就可卸下心防，与自然无拘无束地真实交流。

理性逻辑现代主义

创意，往往来自于跳脱传统的疯狂点子，扎实工法与逻辑思考虽是现代主义之不灭定律，但混搭创意的现代空间却更引人入胜。

艺念集私善于创造跳脱窠臼的现代主义，让空间设计有了更多活力与自信。极度理性的空间中原来也可以大剌剌地放入奔放热情的色彩元素；古典视觉的空间骨子里可以住着充满着现代的设计精神；冰冷铁件也可以创造或繁复、或沉淀的人文氛围，设计师运用精准线条画出俐落、现代的格局，再混搭入不同温度的装饰元素，让奢华质感不需要滥情的线条也可以极致发挥，颠覆传统豪宅的模式，重新诠释现代主义。

Lifestyles of Health 木润心宽 乐活好宅

无论是奢华、时尚、现代、古典或日式禅风，多元而富于变化的精致设计，向来就是几米设计不变的风格。而此次面对已退休的屋主，几米团队更从安全、便利、乐活与个性风格等多元角度来看设计，为新一代银发住宅写下完美注解。

采访撰文 | Fran　图片暨空间设计 | 几米设计　摄影 | 林福明

DESIGN
STUDIO
NOTE 设计档案

几米空间设计有限公司

几米设计以创意与勇于尝试的设计态度，持续将触角延伸至时尚、精品、建筑及艺术等领域，让空间设计的思考位阶更全方位。无论古典、时尚、简约、混搭，拥有不受限于风格框架的设计灵感，以及超强的执行能力，从方向掌握到细节坚持，将时尚风采与收纳机能内化，兼容并蓄。

负责人 | 王立君
设计总监 | 吕俐绮
地址 | 台北市信义区松德路 159 号 9 楼

The space design takes simply, but unique taste. From into indoor first step, can feel extraordinarily immediately in it graceful.

对于几米设计而言，住宅是屋主生活形态的呈现，无法套用或复制，每一个案均需用心沟通与观察，才可以掌握设计的关键，进而从对的出发点做出好的设计。由于此次空间设计的委托为年纪较长的屋主，与一般年轻家庭或事业有成的豪宅主人在基本需求上均有差异，因此，设计考量的观点也需跟着做调整。

开放格局，二人生活互动、照料更紧密

3 年前屋主购屋不久后，见到邻居找几米做装修，当时就相当喜欢，但因为自己家已经装璜完成而只能抱憾。经过 3 年再次购置新居，第一个想到的就是请几米设计来帮自己设计新屋，结果证实当初眼光不差，让夫妻俩大感满意。

让已退休的夫妻俩生活有如闲云野鹤般自在，对于空间的要求也期望能多点通透与宽广，因此，在屋主与几米设计的专业评估后，将原本建设公司建议的 4 房格局作更动，仅留下主卧室与次卧室两间睡眠空间，让公共空间的视野与区域都能够更宽松，至于紧临于客厅的房间则改为多功能和室，如此规划主要考量假期时儿孙前来探视时也能有舒适的休憩空间，但是，平日二人居住时又不至于让客房闲置而浪费空间。重新规划的客厅与餐厅并于同一动线上，再加上原本封闭的厨房隔间改以开放式吧台设计，使得餐厨空间的串联更为紧密。同时也让公共空间的层次由客厅开始向内递进，一字排开的动线列出不同的机能，也展现无阻挡的流畅感，而平日二人相处的模式更因为开放的格局让彼此获得更佳的互动与照料。

皱褶原木板，创造空间特色

SPACE PLANNING 空间规划

建筑类型 | 电梯大楼　空间坪数 | 68 坪　居住成员 | 夫妻　空间格局 | 玄关、客厅、餐厅、多功能和室、主卧室、次卧房　主要建材 | 大理石、秋香木、玻璃、铁件、木地板、榻榻米、原木

1	4
2	3

1. 入口玄关处因为书房的玻璃格局而创造更多的端景效果，也使整个客厅更显开阔舒适。2. 位于客厅与餐厅间的天花板原木摺板，为室内创造更静谧温润的原木印象。3. 和室与客厅之间采玻璃镜墙隔间让视觉更延伸，而架高的和室地板也增加室内的收纳机能。4. 多元复合的材质给予和室更具特色的装饰性，也成为全室的目光焦点。

有了完全以二人世界为主的空间动线与格局后，几米设计也以屋主的美感品味与健康需求为原则，在空间装饰上大量运用原木的温润质感，展现出内敛又舒适的空间氛围。设计总监吕俐绮说明："屋内压梁状况虽然明显，但因不希望损失屋高而舍弃包覆手法，反而直接让大梁裸露，并将之转化做为客厅与和室区域分隔线，再搭配皱褶状原木板凹凸起伏线条在天顶与立面扩张蔓延，成功刻画出住家质朴原始的独特性格。"

除线条造型独树一帜外，几米设计擅长的复合性材质搭配也令氛围与众不同。少了实墙的隔间，设计师将紧邻于客厅与玄关旁的多功能和室改以铁件、玻璃与原木条等多元材质搭配，使得视觉穿透的和室天花板成为玄关端景与客厅的背景，再加上略带锥状突起的白色电视背墙与石材台面呼应，糅合出对比的丰富视觉效果，最重要是将所有必须机能都收入其设计之中了。

宽广自由诚可贵，安全舒适价更高

This home gets its charm from comfortable furniture that has simple.Wood pieces have rich honey tones and are often paired with black iron for a more restic effect.

1	5
2 3 4	

1. 开放的厨房以吧台取代隔间，让空间有分区、互动上没有隔阂。2. 主卧室除了配置更衣间与各式收纳设计，同时成功地将机能与装饰性整合为一。3. 次卧房设计素雅有如饭店住宅，给予归来探望父母的儿孙更舒适的休憩环境。4. 次卧室床尾设计有内嵌的橱柜以及层板柜，美观及实用机能十足。5. 客餐厅以粗犷而立体的实木覆盖天、墙、地，让空间充满自然氛围。

Take master's savoring with the health as a principle, in indoor uses the lignin material massively, unfolds in collects the comfortable spatial atmosphere.

善于将有形化为无形的几米设计，除了在客、餐厅通道间的原木板墙后隐含大容量的柜体外，架高和室地板与阳台地坪连结的手法，也成为此区设计的成功关键之一。设计师说："架高后平整的地板不但扩增了底部收纳面积，空间感更是深远，让居住者真正体验不受束缚的开放与自由。此外，由于屋主夫妻年事已高，安全性成为设计重要考量，此一设计也因减少门槛高低差而提升了居住安全性，其他如台面做二次倒角处理，更衣间以强化玻璃与防爆贴纸做双重补强，就连地板高度都是精算评估后才施作，为的就是务求将居家危险性降到最低。"几米设计总监吕俐錡认为，好设计必须具备一体多面的思考观点，除了基本的美与实用之外，同时设计者更要重视居住者的心理需求，预先将屋主的担心考量在规划之中，也因为这样的用心让屋主更放心地将空间交给几米设计，即使在完工后都像亲人好友般地延续情谊。

1. 主卧室床头将梁下空间整合为橱柜与间接光源，营造出更优质的视觉与气氛。2. 次卧房采用素雅的木皮色泽来铺陈，同时在床头以可取代夜灯的间接光设计避开小梁。3. 几米设计总监吕俐錡与女主人。

ABOUT
STYLE 风格元素

1. 多功能和室流明天花板

设计师先以原木、铁件与灯光交错拼板的手法，做出和室天花板的造型照明，再刻意采用玻璃与铁件等穿透材质让客厅与玄关的视线拉入和室，成功地造就公共区域的特殊端景。

2. 原木皱褶板天花板与墙面造型

为了营造温润健康的居住环境，设计上大量采用原木材质，其中处于客、餐厅之间的天花板与墙面原木摺板更营造出原木屋的温馨气氛。

3. 和室架高地板与户外阳台景致

穿透隔间的和室除了提供多元的生活机能外，同时也成功地将室内的生活场景与户外串联，实现了屋主更宽广的生活理想。

独立而具有高度隐私的别墅，让人不只舒适长住，更是与宾客联络感情、同聚欢乐的最佳场所。尚艺设计俞佳宏总监在构思整体空间时，将此案设计定调于"不仅只于豪宅空间，更是具备休闲度假的精品空间"。除了由设计美学中表现豪宅特色外，各楼层空间配置的完整度与丰富性，也是此次设计时的重要灵魂所在。

采访撰文 | Jill Kao　图片提供暨空间设计 | 尚艺室内设计

DESIGN
STUDIO
NOTE 设计档案

尚艺室内设计

总监 | 俞佳宏
地址 | 台北市中山北路二段39巷10号3楼

悠闲随兴况味 动静游戏间

这栋包含地下楼层共计 4 层的新建别墅，尚艺设计从毛胚便开始接手此案；拥有三面采光的方正格局，周围更是绿意环绕，先天条件让总监俞佳宏更加笃定提出以休闲渡假感的精品级别墅为设计主题：一个山林为邻、充满丰富朝气的生活场域，生活中的一颦一笑都能由此开展。

地下楼的泳池是休闲规划的起点，长型泳池上方的条状天井设计，让户外阳光能够尽情洒落池面。设计师沿着泳池岸侧边规划出两个休闲区块，一是无论从车库或楼梯进入，就能在此汇集的休闲桌椅，一旁的绿色植栽营造热带渡假风情；另一侧则设计为白色半圆形吧台，从吧台视野能够关注全场，假日宾客来访，无论随兴坐在高脚吧台椅上聊天或是在会客区阅览书报，都能无死角注视孩童游玩嬉戏，更让主人招呼不冷场，欢乐无断点。全区以进口复古砖铺设，将白色吧台柜色调跳脱得更鲜明，在吧台背后则是个能让宾主尽欢的视听欣赏室，酒红色落地帘和深色绷布营造真实剧院感，想欣赏电影时，只需将看似装饰用的三大面白色高顶门片拉上，留下吧台和沙发两区，隔音、隔光，让人能专注于荧幕。

如此既开放又能独立的设计，来自于俞总监认为所谓休闲就应该动静皆能全方位的满足才算完整；选择休闲元素铺陈出悠哉的度假调性，多道折门设计则更能让空间更具弹性，同时修饰柱体，也让此区作为欢乐场域的功能性目的获得完整呈现。

SPACE PLANNING 空间规划

坐落位置 | 台北阳明山过院来别墅　建筑形式 | 独栋透天别墅　家庭成员 | 夫妻、父母亲、小孩
空间坪数 | 室内总使用坪数约 160 坪　格局规划 | B1：休闲会客区、视听室、吧台、烤箱、洗衣室、佣人房、泳池、车库。1F：玄关、客厅、餐厅、厨房；2F：起居室、长亲房（含卫浴、更衣间）、卧房、汤屋；3F：主卧室（含卫浴、更衣间）；4F：起居和室、书房、卫浴　主要建材 | 黄洞石、大理石马赛克砖、复古砖、黑板岩、天然木皮、铁刀木、台湾桧木、灰玻、壁布

1、2. 利用建筑体的优势，让宽敞、明亮充盈整个豪宅空间。3、4. 地下一楼设计为泳池、视听室与吧台三合一的完整玩乐区，透过拉门设计，让空间利用更有弹性、动线采光更流畅。5. 层次的铺陈是让空间更具深度；无封闭墙面的阻隔感，则是让空间在大器质地中充满通透清爽的韵律节奏。

The leisure elements lay out the tone of vacation, casually choosing a corner, sit down on a single chair sofa and read makes everything full of the carefree pleasure.

点石成"精" 烘托精品饭店质感

当屋主由一楼进入，感受到的视野又是另外一番风景。走在能透视楼下车库的空中廊道，转入玄关，四道延伸至天花板的板岩墙玄关吊灯让 4 米高的空间更显高挑，同时也让玄关区块更为完整；站在玄关处，感受灯光折射于板岩之上，就能明了为何挑选自然劈理纹路的黑板岩作为玄关装饰墙面，触感质朴不抢镜，却又让人难以忽略它的存在，呼应到空间里的任一处角落，都以不能遗漏的视觉魅力存在，同时以两两板岩相对位置静静矗立，如同两对已开启的门片，尚包含将视觉分别引导至两侧的客厅与餐厨区的用意。

与玄关相对的大片落地玻璃窗延伸至后方，都能看见户外植栽绿意处处，将放松基调拉至室内，俞总监在室内营造温暖与触感氛围为主轴，墙面以进口义大利雾面黄洞石铺陈，并将欧洲壁炉设计手法运用于此，两侧以无接缝方式与铁刀木案柜贴合，更突显中央壁炉区的温润与静谧，以格栅门片设计的案柜在自然光的洗礼下更为立体，而靠近楼梯同侧处的门片，则与板岩墙、灰镜和楼梯融合一体，坐在单椅沙发上阅读，每个角落都充满独特的丰富度；尤其山居的冬夜温度低，暖气壁炉便能发挥作用，让人真实取暖，产生对家的不变向心温度。

依循建筑介质 加乘互动美感

另一侧几乎与客厅同等宽阔的餐厨区，相当值得仔细端详；依随建筑造景的美感，保留作为空间设计的介质纳入于内，是俞佳宏总监设计时不曾漏掉的思考点，不多做干扰自然美学的设计，两者相乘后的加分才能感受到为何购屋于此地抉择。透过中岛让烹调的部分时间能面朝餐桌，同时欣赏户外绿色草皮与悠然小径，夜晚掀亮水晶灯，在餐桌前一同享受烛光晚宴，感受惬意的时光片刻。

而有别于 1 楼的视觉为主，走进 2 楼私密的卧房起居空间，首先感受到的是嗅觉里充满台湾桧木的木质芬芳，让规划在 2 楼的长亲房与孩童房，都能在这"L"型皮质沙发区，感受充满自在放松的氛围。同时在设计上也不忘表现对父母亲的贴心，浴室同样是桧木桶汤屋设计，让芬芳气息延续在沐浴时光，冬天在此泡澡特别舒畅，而无门的玻璃墙面更减少穿梭时的不便，细节处的细腻考量更是让豪宅拥有实至名归的价值，也是设计成功与否的重要关键。

Besides using the esthetical design to display the character of mansion, the wholeness and richness of space configuration in various floor is also the soul of this design.

4
1
2 3

1. 餐厨区紧邻着落地门，户外的绿意小径最是自然，风景随时改变，在此用餐心旷神怡。2. 进入卧房前的起居空间，以圆弧和温润色调营造出舒适温馨的私密居家感。3. 氤氲中感受到因热气散发出的木香，汤屋设计让家人能拥有仿佛置身国外的度假享受。4. 沉稳质朴的黑色板岩展现出玄关气势，成为 1 楼空间的主轴，空间由此向两侧开展。

Preservation of the plants in construction, designs that didn't disturb the nature esthetics, the unity of both was the reason why to choose buying house here.

微调光影轨迹 瞬时变化心境

更改主卧与次卧的楼层位置，让主卧室拥有更完整、更充裕的机能使用空间，上到 3 楼能先在入口处休息小坐，向右是更衣室与浴室泡澡区，独立的双面台设计让夫妻平日生活更显余裕；而主卧睡眠床铺相当宽敞，柔和优雅调性相当符合男女主人的想望。

至于男主人经常使用的书房则位于 4 楼，以略带中国风的桌椅和木质墙面为特色表现，另侧同样采光良好的空间则以日式风情为主；我们可以发现，设计师在几处阳光强烈的面向采用了风琴帘，减少大量光线直接进入，调和后的光线温煦柔和，空间因光线的改变趋于净白细致，相对地也能感染居住者的心境。

俞总监提到，此案的楼梯电梯位于中央处，因此空间也像是茶叶一心二叶的开展方式进行；从地下楼层一直到 3 楼，甚而 4 楼的设计，每个楼层都有其相似性的元素风格，却也同时拥有各异其趣的特色存在，这也是他企欲营造出的层次与深度，互相呼应却不雷同，相异而不相冲；而最难得的设计尚包括不与户外珍贵大自然离群索居，吸饱阳光与绿意，让设计与大环境进行密切互动，回归当初决定山居于此的本心与初衷。

1. 采光极佳的顶楼房间，设计为可弹性运用的日式榻榻米和室，白天阳光温煦、晚上则充满静谧禅意风情。 2. 以木质素材为主的书房偏重中国风设计，低台度卧榻设计让空间更显宽敞，心情无形中也得以沉淀。3. 主卧卫浴以简洁为主要方向。

ABOUT
STYLE 风格元素

1. 营造精品饭店的精致质感

传递精品饭店的精致质感与休闲的舒适度，从玄关地坪的大理石马赛克拼花地砖搭配水晶灯饰开始，四面是触感纹理皆质朴的深色板岩墙，轮廓出一种得以亲近的复古闲适，却不时散发优雅的品味，若隐若现让人想在此自在停驻。

2. 藉建筑景观为室内介质

从观察房屋结构的优点开始，设计师思考如何藉由建筑体的外部设计，延伸成为室内中的介质及端景。以厨房为例，大面落地窗采光良好，因此并不以过多刻意设计干扰庭院景致，而是调整厨房的动线与配置，引入户外庭院绿意，让烹调与用餐时刻，都能与户外进行视觉互动，让更多如画般美景印入眼帘。

3. 空间层次感与效果的相互协调

设计铺陈时，不仅要让视觉感受到空间风格效果，同时还需让这些设计进行串联，层叠出各层次的韵味。尤其是多楼层豪宅设计，各楼层内的格局功能性不同，因此更需要逐步调整调性，并保持空间彼此的互相呼应，如此氛围才具有百看不厌的深度。

1

2

3

现代与奢华的时尚盛宴

Modern Luxurious

何谓奢华？当设计去为奢华定义，不再只是繁复的雕梁画栋，而是在线条的现代简练中，去勾勒出质感的精致与比例的完美切割，如此而生的大宅，坐拥开阔与大器之时，更内涵丰富的典雅气度，让家跳脱单纯的空间架构，晋身为感官享受，一同欣赏美好的品味飨宴。

撰文 | Winnie　空间设计暨图片提供 | 咏絮家饰设计

客厅极佳的采光是一大特色，因此保留了明亮与开放，视觉穿越其中而自在流动，更能一望户外绿意。

位于南台湾一栋 80 坪透天住宅，咏絮设计的张黎文设计师思索着如何让设计与时尚同步，当周遭还跳脱不出金碧辉煌的豪宅风格时，她成功地结合现代与奢华，保留了大宅的华美气魄，却将线条化繁为简，以优美且俐落的切割，为空间注入简洁和谐的比例，开启极具张力的视觉展演，细腻与华丽同存兼备。

1 2

1. 现代感的餐桌椅、典雅的水晶吊灯、落地窗前的金属展示架，与德国的顶级厨具 bulthaup 呼应出完美的工艺设计。
2. 大门进入玄关亦是楼梯的回旋处，姿态优美的盆景，简单却极具线条张力的装饰角落，视觉效果惊人。

现代 开启视觉张力

当豪宅拥抱奢华，现代的俐落感成为最佳串联，有条不紊地安排格局动线。大门进入的玄关，是楼梯的回旋处，仿佛大宅的前厅，是迎宾纳客的重要门面，设计师利用畸零、过渡、缓冲的要素，不只增设衣帽间，更摆放姿态优美的枯枝盆景，简单却极具张力的坐立其中，装饰效果惊人。穿越铁件镶嵌彩色琉璃的屏风，直入公共空间，极佳的采光是一大特色，因此保留了明亮与开放，从客厅、餐厅到厨房，视觉穿越其中而自在流动，甚至能远眺户外绿意，感受清新的畅快氛围；客厅背靠落地窗，面对着的电视墙则是以活泼的切割方式让单一石材兼具大方与细腻，而电视柜则保留一角做为贝壳镶嵌造景，透过光源的照射而散发光泽，自成一外有趣而精致的创意景致。

来到美味天地，现代的餐桌椅搭配低调典雅的水晶灯，一旁的落地窗前则是以铁件建构而出展示架，而来自德国的顶级厨具 Bulthaup 表现当代工艺的完美结晶，保留了工业大国的简炼时尚之美；现代与简洁、品味与精致共同交融出奢华的视觉飨宴，内敛的丰富气质令人动容。

DESIGNER NOTES
设计师档案

咏絮家饰设计

对于华丽，有着独到的见解与主张，以丰富内涵取代外表的晶灿繁复，再以简洁的线条连结其中，开创出独一无二的现代奢华；让美丽与气质兼具、机能与美感并存，精致与大器同在，如此大宅才堪称经典，更能一展空间的无限气魄与雍容华美。

高雄 设计总监 | 钟萱华
地址 | 高雄市三民区鼎文街 66 号 4 楼
台南 设计总监 | 张璨文
地址 | 台南市长北街 123 号
台北 设计总监 | 张启明
地址 | 台北市信义路 6 段 15 巷 16 号 15 楼

SPACE PLANNING
空间规划

座落位置 | 台南市
建筑形式 | 透天别墅
空间坪数 | 地坪 80 坪
格局规划 | 1F: 玄关、衣帽间、客厅、开放式餐厨、热炒区
2F: 主卧区（2 更衣室、珠宝室主卧卫浴）
3F: 2 房间（套房）
4F: 和室兼书房、起居间
主要建材 | 石材、贝壳、黑云石、银狐

To the delicious world, modern dining tables and chairs with a simple low-key and elegant crystal chandeliers, creating a sumptuous feast for the senses.

1	2

1. 延续着私领域的温馨原味，孩子的房间线条更为简明俐落。
2. 有别于原木的温润暖意，色彩走向现代简约，很有时尚的味道。

精致 务求细节完美

延梯而上，来到 2 楼主卧，此处是男女主人的私密领域，属于品味的生活在此表露无疑。进入睡眠区，有别于公共领域的华美，风格转趋低调雅致，和谐的大地色，以不同色调的表现巧妙地交错运用，单纯中见层次更迭，而两盏古典桌灯画龙点睛的点起惬意与温馨。广大的主卧区另包含两间更衣室、珠宝室与卫浴，除了保有部分隐私，隔间多采用清透设计，不只让视线穿透无碍，更能让美丽的饰品与皮件化身为独特的个性装饰；带有花漾的壁纸与门片则呼应了整体的奢华气息，在过犹不及间，展现最完美的精采点缀。3 楼的孩子房延续着低调舒适，4 楼则是拥有和室兼书房的休闲角落，相较于 1 楼客厅的正式气派，此地更是全家人凝聚情感的休憩空间，大家反而喜欢聚在这说说谈谈，在原木铺陈的禅风中，更使人倍感温暖，仿佛放下了在外的喧扰与紧凑，藉由“回家”舒缓疲惫身心，蓄满能量之后再次出发。

1.4 楼的和室兼书房是全家人凝聚情感的休憩空间，在原木铺陈的禅风下，更使人倍感放松惬意。
2. 精致华美的特建珠宝室。
3. 花漾壁纸为背景，让更衣室更能呼应整体风格的细腻奢华。
4. 主卧室的风格转趋低调雅致，和谐的大地色，以不同层次表现巧妙地交错运用，单纯中更见丰富内涵。

Editor's Recommendation

>> 编辑最推荐

01 清透亮眼的玻璃隔间

↑2 楼主卧的隔间部份采用清透设计，不只让视线自由穿梭，更能让美丽的饰品与皮件、花漾的门片设计化身为独特的个性装饰，流露华丽亮眼的晶透感。

02 主卧室的雅致铺陈

↑以中性的棕色调搭配浅木用色，再装饰着典雅的灯具、家具与饰品，如此安排形塑出精致温馨的雅致风格，更能表现出象征主人的雍容气度。

位于动线上的餐区特别以餐柜摆设及对称镜面主墙等设计来增加稳定性及奢华感。

科技尊爵的时尚品味

Future and Classical

住宅设计缘自于生活的轨迹，因此，当未来科技成为现实生活时，空间规划也要跟着调整。长期与建设公司合作的阿玹设计，敏锐地感受到科技与古典的融合为未来新豪宅的设计趋势，并将之运用于本案中，除了考量传统风水思维，更要融入新科技系统，最重要是将豪宅空间气势及穿透感展露于设计之中。

撰文｜Fran 摄影｜赖寿山 空间设计｜Afar 阿玹室内设计

DESIGNER NOTES
设计师档案

Afar 阿珐室内设计公司

本案为突显大坪数住宅的尊贵质感，以及数位住宅的科技特质，在空间的风格上锁定以新古典氛围再进化的现代古典，除了在奢华度上维持着新古典的基调，在线条上则以更简炼的几何图腾取代繁复感，展现未来奢华的美感。

设计总监 | 全洪义
地址 | 桃园市国际路二段 130 号 1 楼

SPACE PLANNING
空间规划

座落位置 | 台北．林口
建筑形式 | 电梯大楼
空间坪数 | 89 坪
格局规划 | 玄关、客厅、餐厅、工作书房、3 间卧房
主要建材 | 波斯灰大理石、黑云石、金龙石、明镜、黑镜、茶色玻璃、喷砂玻璃、进口布料、进口壁纸、古典檀木、曼特宁木作、柳安木芯板、硅酸钙板、防腐角材

随着人性化科技的发展，未来住宅生活与数位科技关系愈趋紧密，也影响了空间规划的风格与细节。阿玹设计总监全洪义谈到，这个个案位于国内知名的未来科技社区，因此，在整体设计的定位上除了考量近 90 坪空间的大气度展现外，同时也为科技时尚的空间品味作出最佳注解。

屏风倚窗 保留大格局

为了体现出大空间的格局气度，全洪义首先在入门左右以大镜面衣柜间及玄关柜等设计，规划出走道式玄关，同时搭配地板大片石材拼花呈现出古典语汇，同时也展现尊贵不凡的空间感。接着进入室内，设计师说："许多大坪数空间均有穿堂冲以及走道的先天格局问题，这个空间也一样。"针对穿堂直视客厅落地窗的问题一般会藉屏风来化解，但全洪义不希望入门的宽幅视觉受到屏风阻挡，因此，巧思地将屏风位置退移至客厅窗边，同样可化解问题，却保留了大格局；此外，可以左右推移的屏风也成为主要装饰墙之一，白色窗花屏风散发出一抹属于古典女性所蕴含的神祕优雅，与沙发背墙及电视主墙的石材映衬出柔美宁静的氛围。

1 2 3 4

1. 移至窗边的屏风不仅具装饰性、挡穿堂煞，可移动的设计也使视觉变化更丰富。
2. 书房与餐厅间以镜面及屏风区隔，保留各自的完整性，也不失空间感。
3. 客厅转角处以黑镜搭配圆圈设计造型墙，增加了活泼元素，也让处处有景致。
4. 玄关除了大镜面的反射外，地板上石材的拼花也展现出尊贵与古典美。

Along with the human science's and technology's development, the housing design also will be in the future getting more and more close with several science's and technology's relations, even has affected the spatial plan style and the design detail.

环式动线 空间更无拘

配合宽敞视野，客厅的动线也采用开放环绕式设计，在电视墙两侧运用开放通道规划，使得客厅与电视墙后的书房，以及餐厅之间的动线更为流畅。而原本显得较为窄版的电视墙则利用大量且不同的镜面材质向左右扩展，让整个电视墙宽度由原来约 2.8 米变为 4.5 米的大宅规格，而石材与折板造型的设计除了可展示饰品外，另一方面也让左右的通道更为顺畅。

书房在这个居家中主要是男主人的思考决策空间，设计上采取温馨沉稳色调，搭配简约线条展示书架、书桌、椅、双人沙发等实用配备，以及家庭照片墙的设计，使友善格局的开放书房更具有亲子交谊的功能；此外，社区规划的远距医疗服务设备也被纳入此区，只要将家人各种健康指数透过资讯传输与医院连线，仿佛有位家庭医师常驻家中，因此，书房也成为健康管理中心。

1 5
2 3 4

1. 位于动线上的餐区特别以餐柜摆设及对称镜面主墙等设计来增加稳定性及奢华感。
2. 开放式的餐柜融入酒柜及展示柜的功能，同时也具有餐厅装饰墙的设计效果。
3. 半开放的吧台厨房避免走道狭隘感、增加视觉穿透，同时增加餐区的方便性。
4. 书房与客厅间采用环式动线的通道及玻璃装饰墙设计，增加视觉穿透性。
5. 书房内设有家庭照片墙及健康照护的传输设备，让此区也具有亲子交谊的机能。

E 化生活融入古典设计中

在书房与厨房之间运用与客厅同样语汇的屏风来做简单区隔，除了可减少两区之间的干扰外，另外也避免了走道与书房冲煞的问题，让餐厅更具安定感。整个餐厅主墙以柔和的珠光裱布作为基调，两侧则有镜面与壁灯等对称设计来营造华丽感；特别在靠近厨房吧台处的镜面上还规划有触控荧幕，平日美轮美奂的镜面经过触控即可变为实用的 E 化设备。至于另一面则有镜面的餐柜来摆放主人收藏品，当然透过镜面反射也能达到放大空间与奢华加倍的效果。而半开放的吧台厨房则可淡化走道感，同时让料理者与家人互动更方便。

私密空间因格局够大，主卧室与次卧室均配有更衣间与卫浴空间，强调舒适、体贴与实用设计，特别是主卧室还利用角落规划书桌与开放式书架，作为女主人专属工作区，满足了每位家人的需求。

1
2 3

1. 主卧室床头壁面以古典金色画框搭配奢华缇花壁纸，搭配两侧吊灯及黑镜则更具放大感。
2. 客房床头的"冂"字造形除了具装饰效果，也减低床头梁的印象。
3. 主卧室电视墙采用柚木及层板展现温润感，层板下方的照明设计让视觉更丰富。

Editor's Recommendation

>> 编辑最推荐

01 客厅屏风兼具造型与风水功能

→不希望因屏风阻挡入门气势，设计师将阻挡穿堂煞的屏风由传统定位于玄关处退移至客厅落地窗，除了同具风水效果，且视觉上更大器宽敞，成为主墙造型。

02 主墙加宽延展大宅气势

↑为化解原格局客厅主墙过短的问题，特别将左右以石材、镜面、玻璃作折板设计，并配置饰品展示柜，除让面宽加大外，透过材质反射效果，视觉也可延伸。

03 餐厅魔镜落实数位生活

→配合内建网路，设计师特别选在厨房与餐厅交界处，利用珠光裱布主墙旁对称造型镜面上安排触控萤幕，只要指尖一点镜面即出现电脑荧幕，无论是上网购物、缴费等均可轻松搞定。

DESIGN
STUDIO
NOTE 设计档案

梦工场室内设计

设计总监|刘汉仲

取名"梦工场"旨在为客户完成一生中住宅方面的梦想，设计总监刘仲汉在设计时非着重于华丽的枝节表现，而是以客户的立场出发设计出适合人居住的生活空间。其创意观点以人为出发点，不管在设计、施工上或完成后的服务，都以关心朋友的角度立足。许多业主到后来都成为设计师的朋友，梦工场希望所做的服务是在为朋友服务，而非仅是在服务一位消费者而已。

地址｜台北市承德路 3 段 117 号 2 楼

Looking to Your Heart

都会丛林里的心灵光谱

身处都会水泥丛林中，我们往往被繁华所吞噬，真正能静下来倾听自己声音的非自家莫属。由梦工场设计总监刘汉仲所操刀的天母豪宅，在极简禅风之中注入奢华的美学因子，将光的运用发挥到极致，禅意、人文、风格兼具，在车水马龙的都市里，家是屋主的心灵光谱。

采访撰文 | Paul　图片提供暨空间设计 | 梦工场室内设计

Designer has been emphasizing creativity and challenging the difficulties.They offer the whole new quality and vision for creating a wonderful lifestyle.

极简禅风里的奢华意境

禅的本身意义或许是人的心灵沉潜，用到居家设计上以简约、自然休闲等风格呈现，传达令人放松的禅之居家。这股禅风潮流从国际知名的旅店慢慢延伸至居家当中。而此案的设计大体虽以禅风为主，却在许多细节处发现奢华的惊喜。

60 坪的空间是台北豪宅的入场券，梦工场设计运用宽敞的条件与良好采光，释放空间尺度，将极简与奢华重新定义，从踏入玄关那一刻开始，便能感受到何谓人文的低度奢华。水刀切割的古典花边地面与贝壳拼贴收纳柜，柜体台面更是展示艺术品的最佳场域，让一进门的贵客感受到屋主的生活品味；此贝壳拼贴更延伸至客厅电视柜与餐厅餐柜，在整体沉稳的空间中带入低调的奢华质感。

业主身为大学教授，作为朋友的设计师刘汉仲将设计笔触着重于整体氛围的营造，利用灯光、材质等元素打造出明亮大器的优雅住宅，而各个空间有其微妙变化皆在设计师的巧思概念中呈现出来。

宽敞的客厅主墙运用染色木皮诠释东方意境，视听音响采用设计师推荐的白色号角音响，让空间更显活泼。桌几使用意大利名牌家具 B & B，在简约中仍透露奢华的品味享受；厨房以少有的白色系吸引目光，中岛台的设计将欧式生活美学纳入，在天花垂坠而下的俐落吊灯照亮后，时尚的语汇流泻而出。

SPACE
PLANNING 空间规划

坐落位置｜台北天母私宅　建筑形式｜电梯华厦　家庭成员｜夫妻、长男、次男、女儿　空间坪数｜室内总使用坪数约 60 坪　格局规划｜玄关、客厅、餐厅、厨房、客厕、主卧室（含更衣间、浴厕）、女儿房、长男房、次男房　主要建材｜染色橡木、绷布、复古金箔、大理石、贝壳拼贴、进口壁纸

1	3
2	

1. 此案在极简禅风里面添加奢华的元素，这元素表现在地板地面的石材花边处理等，从玄关处水刀切割的古典花边地面与贝壳拼贴收纳柜，让一进门的贵客感受到屋主的生活品味。2. 厨房使用对比色系，运用深色的大理石地板与白色厨具强调厨房空间整体的色彩丰富性。3. 为了在低调与奢华中找到平衡感，设计师在家具选择上以简单线条为主，但在板材、收纳柜等细节处理可看见奢华的惊喜。

Anywhere is fulled of shining nature and fashionable temperament as well as the white ribbon flowing in space.

灯影幻化 光之艺术

光之于家，就如水与空气之于人一般，居家是脱离不了光这重要因子。光既是必备，何不把它成为居家艺术的重要一环。在这个住宅的设计上，可以说是灯光的极至美学运用，同时可利用灯光让空间有趣味变化。像是客厅原本有大梁，设计师以禅风造型拉开一个大型的灯箱造景，掩饰掉大梁并美化空间变成主视觉。走廊则用灯槽贯穿，在尽头处有灯带倒影在地板上，这尽头处的背后令人讶异的是隐藏式储柜，设计师于门板加上一个点形成几何图案，犹如画下灯光魔法的惊叹号，将单调的走廊空间变成是灯光秀。秀的主场从客厅、走廊延伸至卫浴、餐厨与卧房。空间较小的客用浴室运用灯光跟玻璃产生扩充性，主卧卫浴更是灯光气氛唯美的代表。

卧房空间则充分利用崁灯营造温馨与浪漫氛围，特别是女孩房的衣柜采半透明式，里面加了一层薄薄的纱，隐约可见衣柜里透出的微微光晕，可作为夜灯使用，更添加了浪漫气息。而女孩房的书桌跟化妆桌底下也皆有打灯，亦可当夜灯。最特别的是在床板背后的收纳柜留了灯洞给女孩收藏精品、香水瓶、饰品等，经过光的处理这些物品也成了居家艺术精品的一环。好的空间也需要好的灯光成就其美感，从一颗小灯泡到装置型的大灯箱，这些灯影幻化点亮了居家璀璨光芒，设计师刘汉仲的光之魔法发挥得淋漓尽致。

1	4
2 3	

1. 一旁摆设新古典椅，提供业主随时阅读的便利性；床头背板更采特殊设计，传达非凡品味。 2. 主卧室强调温馨，从地面至天花板、床头、窗帘皆使用淡色系，呈现主卧空间感，带出舒适温暖的感觉。3. 女孩房充分利用崁灯营造温馨与浪漫氛围，最特别的是在床板背后的收纳柜留了灯洞给女孩收藏与展示精品，经过光的处理这些物品也成了居家艺术。4. 次男房使用复式拉窗，拉开两旁即是窗户，增加空间感。主墙崁了两条灯带，让空间有拉长效果，晚上有浪漫氛围，并搭配长条书桌把空间带出流畅质感。

贴近居者的人文设计

位于天母芝山的地段已是令人称羡的豪宅聚落，奢华或许是彰显豪宅气度的一个方式，但低调的设计中又能呈现气派美学更让人佩服。为了符合身为大学教授的业主，设计总监刘汉仲除了在细节与材质上加入奢华的元素，更融合人文气息，营造满室书香的优雅气度。

回归家中每个人的最私密的卧房中，设计师刘汉仲依照家中每个人的不同性格创造出不同氛围。主卧大量使用浅色系原木材质，在床组背板以绷布点缀出优雅气息，床尾的五斗柜跟两边的化妆柜左右对称，加上壁灯装点出大器味道。窗边有看书区与电脑工作区，把实用功能发挥到极致。更衣室门片特别作直线条处理，让空间更有线条美感；长男房有充足的光线，设计师以灰色墙面与蓝色床组为主调，在床边的柜体抽屉做了趣味变化，第一个抽屉以铝制抽屉来淡化整体的沉重色系，线条感因而呈现出来；空间较小的次男房则以复式拉窗，拉开两旁即是窗户，增加空间感。主墙崁了两条灯带，让空间有拉长效果，晚上有浪漫氛围，并搭配长条书桌把空间带出流畅质感。

1

1. 长男房有充足的光线，设计师以灰色墙面与蓝色床组为主调，在床边的柜体抽屉做了趣味变化，第一个抽屉以铝制抽屉来淡化整体的沉重色系，线条感因而呈现出来。

1

ABOUT
STYLE 风格元素

1. 贝壳拼贴面板穿插于各个空间

在极简禅风之中注入奢华的美学因子，利用墙面、地板、天花等材质变化，亦或柜体门板等细节处理都可呈现简约中的奢华气息。此案设计师利用水刀切割的古典花边地面与贝壳拼贴收纳柜穿插于各个空间中，像是玄关的收纳柜、客厅电视柜、与餐厅的餐柜门板皆以贝壳拼贴连贯奢华气势。

2. 玩味的灯光魔法

设计师在此案运用了大量的灯光变化，就像是玩上瘾的灯光魔术师。从客厅的灯箱掩饰了大梁的存在、走廊的灯带延续至尽头划下惊叹号，乃至房间里的各式嵌灯都成为设计的主角，让空间随着灯光流转于无形的生活品味中。

3. 木皮染色营造东方禅风

原木材质的使用是极简禅风的必备项目，这个住宅设计从入口的玄关到客厅、卧房，设计师运用大量的原木材质与木皮染色的柜体，呈现东方禅味，并以石材相互搭配呈现简约中的华丽。

2

3

Exquisite Design Simple And Comfortable 精致工艺 简约舒活

“原颜设计团队”特别讲究细腻工法的设计，透过简约形式与无压流畅动线的呈现，自然蕴酿出高贵奢华的质感，当光、影于空间反覆重叠，简洁的线条建构出不哗众取宠的时尚光泽，延展出柔润深远的空间特质，让人能在其中静静地品味生活。

采访撰文 | Sofia　图片暨空间设计 | 原颜设计　摄影 | [illegible]　布置 | 千江艺术　灯饰 | 喜的灯饰 SEEDDESIGN　床垫 | FALOMO

DESIGN STUDIO NOTE 设计档案

原颜创意空间设计整合公司

创意总监 | 何以仲

公司理念 | 原颜创意 用心满意

地址 | 台中市西屯区 407 天水西四街 14 号

原颜设计团队，总是以简单又具新意的理念与精雕工法，为客户展现出美好的生活空间，因为团队极度的用心与专业，从空间整体风格搭配到客制化家具量身打造的细腻质感，每一处小细节都宛若艺术品般卓越完美的呈现，创造出客户完全信任、认同的环境与品质，不断推荐给其他亲朋好友。在现代居家空间设计中，除了以机能动线与整体美感为基调外，环保健康节能的绿色概念也藉由原颜设计贴心巧妙的安排融入其中，在简洁舒畅的生活中，令人赞叹不已。

细节的讲究 写意时尚生活空间

屋主为成功的餐饮企业家，对于饮食与生活品味相当的重视，喜欢舒畅无压的生活空间与清爽简洁的视觉感受。因屋子双向面临宽阔的中庭，拥有景观绿意及大面通风采光的优质条件，与一般透天别墅相论，先天条件就占有许多优势，但如何能在一层单元格局，受到 4~6 米左右宽度的限制条件下，跳脱出如大宅般气度的风韵，就需设计师巧思的营造，经由何以仲创意总监审慎评估现场各种条件，用心探索不同的空间属性，与屋主深切沟通后，以精准的工艺雕琢和自然清新的风格，不着痕迹的呈现出丰富的空间层次感，更精湛的是，透过收放、延伸、穿透，呼应于空间格局中，演绎出无可比拟的高度质感，进而展现出独一无二的空间特质。

本案整体空间以极简的低彩度，优越动线视觉的引导，多层次的光影变化与实虚交错的灯光下，隐隐散发出闲适的宁静气息，营造出空间的穿透性与延伸感，客厅沙发主墙面特别以一银灰色斜板，创造出视觉版图的最佳可能性，于简敛几何风格中注入经典时尚的非凡质感。净白色素材为基底，烘托深邃黑调为主题，中和多种相异素材，揉合成为细腻的沉静美学，因为设计师对细节不断的要求与讲究，以细致工法、几何线条、清新与温润材质、自然光与间接照明的混搭，突显出低调奢华的品味主义，就如同屋主不断研究食材与烹调技法，以征服顾客味蕾与五感心灵飨宴为目的。

Through symmetrical interlaced proportion of level and vertical in the hightened space and simple modeling of the ceiling construct entire modren American space style.

SPACE PLANNING 空间规划

建筑形式 | 4 层透天别墅　空间坪数 | 室内约 70 坪　格局规划 | 玄关、客厅、餐厅、厨房、主卧、主浴、次卧、次浴、书房　主要建材 | 洞石、人造石、抛光石英砖、橡木洗白、系统柜、玻璃、黑玻、皮革、烤漆、壁纸、订制家具、LED 条灯

1　2

3

1. 餐厅、客厅采取开放式流通空间设计，在白色基调的衬托下，局部灰阶色调的柜体嵌黑玻，并以垂直线拉伸空间感，电视主墙面的洞石，温润的质感烘托原材尺寸的时尚大器。2. 一席配合空间尺度量身打造的沙发，无论色感、材质与精致的手工，都显现出设计师非凡的创意设计。3. 在楼梯间侧墙以钢构材嵌黑玻，构筑出一方屋主收藏品展示架，同时也呈现出构材力与美的结合。

时尚优雅气韵的美宅

何以仲创意总监主张优良的居家空间，着重生活机能与流畅的动线，在整体架构布置中，若能保留自然光线与通风进入室内，必是空间设计极佳的因子。本案以黑、白、银灰为空间基调，并巧妙柔美的融入其他素材搭配，营造出兼具时尚大气，极度简纯温润的感官飨宴，搭配客厅、餐厅等空间专属订制的家具，独树一帜的美感与功能性，完全跳脱出传统透天别墅格局的框架，整体空间以开放格局与动线建构出适宜配比的空间量体，打造让屋主一回到家就感到轻松自在的优雅温馨场域。

走进客厅立即充分享受到极致的舒畅与开阔感，由极简几何线条轻盈地营造出住宅的大器风华，整体空间以知性的低限色彩为主要介质，电视主墙面的水平波纹石材，除了洁净无华地呈现出晶莹剔透温润质感，更以原材尺寸施工表现出设计师对于材料工法的透彻研究，以黑玻与橡木洗白镶嵌于墙面的柜体，没有外显的螺栓钉钮，呈现的是力与美的结合，更是设计师智慧与专业用心的最佳写照。

餐厅、客厅采取开放式流通空间设计，大片落地玻璃将窗外美丽视野风景的优点保留，并将之揽进室内空间，提高了视觉开阔度与延伸性，创造出清新爽朗健康无压的空间感，在白色基调的衬托下，晨光透过轻幔洒落屋内，微风吹拂脸庞，静坐沙发上体验空间质感之流动与串联，夜晚透过间接照明之光影又可充分营造出优良视觉美感，设计师在餐厅与上楼楼梯动线间，特别以钢构材嵌黑玻，构筑出一方屋主收藏品展示架，每层展架高度都经过细腻计算。藉由流畅的空间，完美的机能性、实用性与生活中的节奏相融合，居住其间备感轻松怡然自得，完全合乎屋主的需求与满意度。

2~3 楼为卧室区，在这私密性的场域中，设计师以低调华美、简约时尚典雅的气质为主题，主卧室与男孩房皆以细腻简约之线条框架，辅以间接照明柔和的灯光，搭配温润木质感，强调扎实的居家舒适触感及内心满足感，没有过多的装置艺术，要显现的是清幽静雅的内涵，于此可放松所有压力，达到真正舒放的休憩空间。设计师以细腻材质工法施作与温润饱和色系的统整，让整体空间达到极致的舒适与完美气息，营造生活使用的舒适性与便利的机能性，是精彩的专业技术呈现，并予使用者顶级的心灵飨宴。

Functions as the main starting point of design, with the scale configurations that bring into the high taste and life rhythm of the homeowner integrates the precisely planning category of the space.

1	2 3

1. 钢构材嵌黑玻展示架与时尚的黑烤玻餐桌互相呼应，如珍珠般的展示架条灯为柜体收边。
2、3. 料理厨房区以简净的白色做专业的分类收纳，并将光线毫不保留的引进室内，餐桌边放置一盏弯曲不锈钢管灯具，简单的弧线划出屋主对餐饮的细腻品味。

手感哲学呈现美学意境

原颜设计团队，极擅长将素材予以简敛化，并透过创意想法结合新材料，经工艺精琢后，作品即呈现新的视觉感动，以勇于挑战新工法、全新的创意理念与精雕施工手法，为每个客户展现出美好的空间环境，创意总监何以仲表示，我们每天居住的生活空间，是家庭成员间最密切接触的场所，除了要展现个人的风格外，同时也要兼顾到人与空间的亲密互动，因此，建构出餐厅、厨房拥有通透流畅的动线与健康无压的环境，为投身餐饮业的屋主设计出净白无瑕、清新雅致的餐饮烹调空间，其将厨房设备、生活杂物、器皿等物件，运用订制家具巧妙隐藏于开放的视野上，兼顾了生活的机能性、空间动线之流动感及更加俐落与知性的空间美感。在餐厅空间亦有别于其他一般摆设的家具形式，餐桌椅亦是由设计师亲自设计订制的物件，每一件家具饰品，皆以细致的工艺与非凡的创意设计风格，呈现出浓厚时尚人文气息，如手感极佳的工艺品般温润的呈现在我们眼前，时尚风格的家具家饰在美学交织融合中，自然塑造出空间新意与丰美表情，建构出恬静优雅的美质清雅环境，随着空气、时间、光影的流转，浸润出满室轻盈自在的现代风情。

1 2
3 4
5

1.2.3. 卧房区皆以细腻简约之线条框架，辅以间接照明柔和的灯光，搭配温润木质感温暖每个人的心房，同时是兼具机能与美感的好设计。4.5. 卧房区衣柜与书桌柜体等，运用环保建材组立，富大量收纳功能与细腻工法，整体搭配令人感到十分舒适。

ABOUT
STYLE 风格元素

1. 巧妙运用材料与色彩，糅合时尚大器风格

虽为传统透天住宅，但拥有较高的空间尺度与前后双面采光的优势，设计师将餐厅、客厅采取一字开放式的流通空间设计，选择浅色系为底韵，白色与黑色为基调，使整体呈现时尚大气风范。

2. 独特工法呈现力与美的专属展示架

设计师打破传统作法，在餐厅区旁，上楼之梯间侧墙以钢构材嵌黑玻，构筑出一方屋主收藏品展示架，并以 LED 展示架条灯如珍珠般的晶莹剔透为柜体收边，垂直钢材稳固的与梁结合，此处的材料运用都是绿建筑的概念，轻盈中更呈现出构材的力与美，透过茶玻，空间于隐喻穿透间视觉不断延伸与流动。餐厅、客厅空间区划与转化的要素，巧妙的运用材料与色彩糅合时尚大器风格。

3. 揽绿生活光采耀眼在空间的每一处

设计师为投身餐饮业的屋主设计出净白无瑕、清新雅致的餐饮烹调空间，并保留户外窗景绿意，中岛式小料理台建构出餐厅、厨房拥有通透流畅的动线与健康无压的环境，视觉感观清朗又舒畅，大胆启用白色面板，打破中式料理厨房的惯用性，将厨房设备、生活杂物、器皿等物件，运用订制家具巧妙隐藏于开放的视野上。

1

2

3

简洁线条 丰富品味

Simple & Rich

对于大坪数住宅相当有经验的达圆设计，在规划此一空间时除了掌握空间本身的优质条件，同时利用视觉效果，以交错混搭重叠的设计概念，让有限的实体空间，延伸出更宽广的空间感。另外，再辅以强化奢华视觉的软性家饰，让空间展现出典雅舒适的美感，成就一个精致风华却不繁复的美宅环境。

撰文 |Fran　空间设计暨图片提供 | 达圆室内空间设计

简洁天花板设计搭配间接灯光，呼应出好采光，厨房的圆币屏风门则创造视觉焦点。

从预售客变期间便开始参与规划的达圆设计，除了藉长期沟通以便更了解屋主对于风格的偏好，同时也在客变时协助屋主与建设公司沟通，利用平面格局的微调重整，将空间的视觉器度再放大。

通透视觉 尽现大宅风华

为了展现出大坪数格局的尊荣，设计师谢淑芬强调独立玄关的必要性，并在此区利用端景、镜面鞋柜以及穿鞋区的设计来丰富玄关机能，另一方面也利用穿鞋区的柜体来加宽厨房的推门面宽，让公共区域的视觉幅度更为大器。进入客厅后，可以发现开放的格局及优质的采光给予空间流畅而舒适的氛围，为了保留此一空间优势，设计师在家具的建议上也尽量挑选大尺寸、低背而讲究材质触感的设计，让视觉不会受到家具阻碍；至于色彩则采用简约的深浅对比，搭配金、银奢华的点缀原则，展现出屋主科技人的现代品味，却又不失豪宅的丰富度。

黑云石与凿面砖延展细腻的设计变化

在客厅电视主墙的设计上则由屋主所喜爱的光面黑云石作为主要视觉，但是为使视觉更活泼，设计师在两端加上凿面纹路磁砖的延伸，如此既可增加主墙面宽，同时也让视觉更立体而有变化。另外，当初因不希望电器柜等量体来破坏空间的画面，设计师巧思以假音箱、真电器柜的设计来解决电器摆放问题，小小创意也颇获屋主赞赏。

有别于客厅的平整画面，餐厅主墙面则利用“ㄇ”字拱门框将壁面切割三区块，讲究线条比例的设计让空间更为端正大气，整个机能规划分别是左侧作为钢琴区，中间则是开放展示柜，至于右侧则为私密空间的走道区，其中走道区特别利用柜体线条延伸为通道门框，藉着交错的视觉让人误以为走道的宽度一如门框；另外，走道与书房间的设计也同样利用视觉的错置，利用地板与门框的退缩设计，化解了原来不舒服的狭隘通道感受，这些都是利用设计所产生的空间效益。

圆币屏风妆点景致 寓意丰饶

1. 完整独立的玄关显示大宅的格局，另外设计师利用与穿鞋给室内的转折设计增加厨房门片宽度。
2. 客厅主墙以屋主喜欢的黑云石为主，搭配左右延伸的凿面砖以及立体灯光，展现活泼感。

DESIGNER NOTES
设计师档案

达圆室内空间设计

考量现代人忙碌的生活形态，设计师采用混搭设计的风格，在硬体上融合简单而易于整理的空间线条，接着辅以新古典质感的家具来柔和空间氛围，最后运用略显奢华度的金、银色彩做点缀，展现出低调奢华的空间美感。

设计者 | 陈扬明、谢淑芬
地址 | 桃园市新埔六街 152 号 2F 之 1

SPACE PLANNING
空间规划

座落位置 | 新竹市
建筑形式 | 电梯大楼
空间坪数 | 86 坪
格局规划 | 玄关、客厅、餐厅、厨房、书房、主卧室及 2 间小孩房、储藏室
主要建材 | 大理石材、订制雕刻版漆仿古银色漆、曼特宁木皮、壁纸、白橡木、秋香木、茶镜

玄关与电视墙之间的装饰柜正好是走道端景，不过其中一座是假柜，成功遮掩突兀柱体。

Opening pattern and good natural lighting creation smooth and comfortable atmosphere,
to retain this superiority, designer in furniture's suggestion, then chooses the great size,
the low chairback's design, lets the vision not be blocked the files.

在客餐厅与厨房间设计师安排了造型推门，以古钱币衍生的圆圈门片有如屏风，让视觉有了焦点，同时在设计寓意上也很讨喜。而大型的中岛厨房则是女主人与友人聚会的最佳区域，设计师利用进口五金设计出可延展的中岛吧台，创造出贵妇们聊天餐聚的最佳平台。

在卧室规划上除了针对每位居住者的需求，最重要的是机能的安排，在不移动墙面的情况下，设计师仅将门片稍稍位移后便让主卧室床尾增加一排衣柜设计；此外，还利用原来的畸零空间做为更衣间，同时利用屏风改变门对床的禁忌，手法之巧令人赞叹，也让屋主相当满意。

1
2 3

1. 主卧室的床背墙利用大面积的壁纸做铺面，不切割的画面显得舒适大方。
2. 男孩房位于边间，因担心背后面窗的忌讳特别做活动式背板，同时床头柜也可移动，让空间运用更灵活。
3. 井然有序的更衣间内还设有化妆桌，而左边则是主卧浴室入口。

01 书房地板色块改善长廊狭窄感

↑利用书房与走道间设计拱型门框，并利用地面加深之色块与退缩之推门来让走道有加宽错觉，事实上，打开书房后发现门内的空间几乎不受影响。

02 女孩房着重实用机能

↗女孩房以素雅暖色的设计为主，而机能上则着重于阅读区及收纳设计。

03 书柜门兼作白板更便利

↓设计师巧妙运用每一物件做设计，例如柜门可兼作白板，方便孩子的家教老师教学，至于下方则加深宽度作抽屉柜，让取物更轻松，同时可让老师靠坐在台面；此外后放空间则可作为男主人的电脑区。

还原 生活的本质
Life Essence

以现今的生活状况来看，压力是不可避免的。相对的，如果所生活的居所又过于繁复，非旦不能排遣情绪，反而造成累积；唐忠汉强调通过与业主的沟通与了解后，以符合其生活的想望及单纯不复杂的线条来解释空间，再就居宅本身的优缺点做突显及修正，让空间表现出最大的包容力量。

撰文 | Joanna 空间设计暨图片提供 | 近境制作

1	2

1. 为方便业主于假日时间的家庭聚会，设置主副餐厅，与客、厨房之间利用开放方式设置副餐厅，强调使用机能延续。
2. 透过石材自然纹理，配置黑铁材质的隔屏设计，作为进入客厅区域前介面视觉意象呈现。

DESIGNER NOTES
设计师档案

近境制作

由于是 3 层楼的建筑，在各个区域的关系及使用机能上作好互动式的衍生规划，强调公私区域的划分同时，生活机能及品味更要兼备，透过材质的铺排，诠释自然的氛围效果。

设计总监 | 唐忠汉
地址 | 台北市大安区瑞安街 214 巷 3 号 1F

SPACE PLANNING
空间规划

空间性质 | 3 层楼别墅　座落位置 | 台北县新店市　室内面积 | 80 坪
室内隔局 | 1 F：客厅、大、小餐厅、厨房、卫浴
2 F：起居室、父母房、小孩房、卫浴
3 F：主卧、更衣室、卫浴
主要建材 | 银狐大理石、香杉实木板、杉丸、柚木地板、黑铁、锈铜砖、玻璃

在居宅设计属性上，多是看到设计者的创意表现，可能只是一个角落甚或一个墙面，都算是精心规划的留白局面；唐忠汉将对于业主及其家庭成员的认知了解，融入每个线条之中，从家具的颜色及形态，经过与业主的讨论后，均经由手工订制，让居住者体验完全的自在生活。

优雅的空间表情

依着 3 层楼的别墅建筑结构规划，其间格局未作过多更动，唐忠汉以贯有的体贴与优雅态度，安排着使用空间，一种深遂的优雅，倏地开展，静静表现于每个线条之中。同时在区域的规划里，保留大部分的留白，让家庭成员可以随着时间、喜好、心情，以不同的方式安排空间，表现极高的人文素养。

1　2

1. 闲坐纯白与木色温润构筑的起居室，在光影的变化中渡过悠然的每一天。
2. 以清玻璃为扶栏的楼梯设计，与 2 楼空间利用不同大小的开口作为局部介面安排，增加空间旨趣。

由于业主届龄半退休状态，平时假日都会与兄弟姊妹及其孩子们举办家族聚会，希冀能有足够宽敞的生活环境，反映出习惯及提升品味；于是一入玄关，左右划分客厅、副餐厅及主餐厅、楼梯区域。客厅主墙透过石材自然纹理，搭配黑铁材质的隔屏设计，作为进入大餐厅区域前完美视觉意象的介面呈现；将 1 楼原本的车库空间，规划成为大餐厅空间，一旁楼梯以清玻璃作扶手处理，给予空间通透延展的视觉效果。与客厅及厨房邻近的空间则安排成为家人平时用餐品茗的副餐厅区域，与厨房间利用石材、实木构组而成的中岛，具穿透性质，也融入现代时尚的语汇。

2 楼起居室以开放方式表现，与楼梯利用局部介面设计，大小错落的开口，有趣的呈现空间的悠闲氛围，另外设计长辈房及孩童房。小孩房以活泼的色系安排，于对外窗下方利用实木作为卧榻区域的自然表情，更兼具收纳机能；长辈房透过沉稳的色系安排，简单的线条及未作过多线条设计的主墙面，还原空间宁静优雅的休憩感受。

现代精神的唯肖表现

主卧以斜屋顶天花、挑高 4 米的空间设计为主，利用 TV 墙双面柜式的机能设计，同时成为与书房的界定，线条沟缝式处理的主墙及对称语汇的诠释，别出心裁的将主卧区域安排得舒适而雅致，同时反应主人优雅的生活品味。

唐忠汉强调空间其实是一个小型的艺术发表，在他的创意规划里，可以看出对于完美的实际定义及概念，强调不应让过多的线条做为空间修饰的主角，不应让过多色彩主宰空间的灵魂；相反的以单纯的色彩及自然元素共构居宅的本貌，精致的表现则留与空间的软性配件，如家具、质材、软装等，更推崇装置艺术与空间做有效的结合，共同展现出空间最深遂的自然风采与值得探究的迷人地方。

The perfect spatial concept, should not by the too many decoration control, be supposed to return to original state the spatial original expression, will retain for the housing person lives in the future the spatial development possible value.

1 2 3

1. 以清玻璃作楼梯界面的处理，给予空间充裕的视觉通透、延展效果。
2. 将一楼原本的车库空间，规划成为大餐厅空间，一旁楼梯以清玻璃作扶手处理，给予空间通透延展的视觉效果。
3. 从空间的开口引导室外光影进入，随着时间的消长，成为空间动态的表情变化。

1
2 3

1. 楼梯在设计上颠覆传统的形体表现，利用玻璃取代扶手的量体意象，强调透过视觉的延伸，传达空间开阔敞亮的意识。
2.2 楼起居室以开放方式表现，与楼梯利用局部介面设计，大小错落的开口，有趣的呈现空间悠闲氛围。
3. 长辈房的一角利用家具的设计衍生出优质的空间氛围及生活机能。

Editor's Recommendation

>> 编辑最推荐

01 材质给予介面的力量

→介面除了以开放、通透材质为题材，突显区域的互动表情之外，再就是利用黑铁给予专属的独特介面安排，与一旁的端景柜共同铺述空间沉稳的质感。

02 纯粹优雅的立面表情

在区域的规划里，利用材质的元素及特质，保留大部份的留白，让家庭成员可以随着时间、喜好、心情，以不同的方式安排空间，表现极高的人文素养。

优雅奢华 魅力无限的精湛

Graceful And Majesty

空间一向被视为使用者个性与品味的延伸，当原本冷硬的水泥实体，注入了人们的情感与美感之后，外在风貌与内在气质的深度随之改变。而在预售阶段即进场协助客变的本案，除了坐拥人人称羡的周边环境条件，上下两楼的宽裕空间，更为三代同堂的一家人，建构一处宛如现代艺术的风华大宅。

撰文 | 林雅玲 空间设计暨图片提供 | 太象室内设计

公共空间地面全数铺设进口双色烧面砖，呼应室内暖灰色系的家具配置，营造不凡的都会时尚魅力。

The enterpreneur reaches the summit of his career. Thus, the man often holds social activities at home for gathering the human resource. In order to manifest the outstanding personal achievement, it is necessary to have an exclusive living room, a elegant dining room and a charming room.

1 2	5
3 4	

1. 年轻一辈使用楼层的玄关地面以三色天然石材几何拼花，精准而细腻的线条美感，令人印象深刻。
2. 全部的家具采量身订制，搭配均以美感、质感、舒适的人体工学作为设计考量。
3. 餐厅背景墙以石材雕凿立体框，中央点缀珠光壁纸图腾，将迷人的餐叙气氛烘托的更加出色。
4. 半开放的书房内，别出心裁的书柜墙以内缩的圆弧，诠释实用与美感兼具的创意价值。
5. 客厅充满设计美学，雍雅细致。

基地拥有的上下楼层条件，比起一般华厦多了垂直的变因可供操作，加上事前就已经先依全家人未来希望三代同堂的实际需求，完成合身的动线、平面机能分配，让进门立刻就能感受到前所未有的开阔与层次感。太象设计在这处尊贵、稀有的楼中楼住宅中，不仅集结了屋主品味不凡的企业家特质与个性喜好，更适度融入卓越的机能布局与工艺精华，以千锤百炼的现代美学展演，见证当代时尚所趋的空间艺术，精心打造一处堪称极品的典藏大宅。

享受生活 精雕细琢的住宅精品

两层各自独立却同样宽敞的居住空间，楼下保留给年轻人使用，一进门以三色天然石材共构的玄关地坪，精准而细腻的线条美感，诠释亮眼的第一印象。正面的采光窗前同样设计置中的精美隔屏来化解穿堂的禁忌，右侧干净俐落的鞋柜外观，特选珠光皮革板材施作，在水晶灯饰璀璨的光影下，低调奢华的时尚美感倍加耀眼。除了格局的大器风采，太象设计在全案各个细节处的讲究与坚持，绝对是提升整体价值的一大关键；像是玄关特制的雪白端景柜，钢烤处理的柜体搭配水晶把手质感绝佳，在拉抽的分段处分别以弧度、不锈钢画龙点睛，更增添单品独一无二的艺术性。

室内原有的突兀结构柱，在经过设计者以珍珠白压纹皮革搭配镜面不锈钢饰条精工包装后，一跃而为行进间的美丽风景，将家具用材延伸为壁面材，强调软硬体的一致性，更为全宅精彩布局的高潮起伏预留伏笔。

公共空间以双色烧面进口砖，采工法难度颇高的菱形拼贴大面积铺设，包括家具与窗帘、材质等元素，都能观察到前后呼应的暖灰色彩，揭示着内在无比的舒适与人性化巧思。客厅充满3D结构力学的电视主墙以沉稳的雕刻白石材斜面打造，斜线行至萤幕后方转为正向，让超大的电视与墙前隐藏式投影萤幕可以正常运作，主墙两侧以黑色钢烤材质穿插黑镜修饰，下方“ㄩ”型视听台面取其线条收边的细致；凸显整体造型的立体感。为了强化设计的整体美，主人原有的音响外壳也特地加工烤成黑色，追求满分的画面效果，墙体两端刻意留白的量体事实上是收纳柜，尤其是左侧配置横拉门的机电柜巧思，完全颠覆一般人对收纳橱柜的制式印象。

与客厅相邻的优雅餐厅，丰富的天光映照出窗纱刺绣图腾的精致，餐桌后方以石材雕凿的立体框端景，中央珠光壁纸图腾因为光的折射，将纯白的餐桌、椅衬的更加出色，而端景墙后因结构锐角而形成的畸零空间则规划为实用储藏室，少了过多的橱柜占用地坪，就能释放更开阔的生活圈。

半开放的书房内，别出心裁的书柜墙以古钱的内缘形状为灵感，优雅的内缩弧线在不影响实用的前提下，洋溢独一无二的细腻美感。尤其不能错过的是长廊拓宽后，走道沿线兼顾精品展示、墙面造型与惊人收纳机能的长幅立面创意，设计师以白色特殊进口板材、黑镜双材质，透过多采多姿的几何分割与收放自如的色彩比例，打造一处情味专属的Home Gallery。

楼层交叠 各有所属的生活向度

屋主一开始就购置上、下两层的新建大楼住宅，准备给自己和刚成家的子女居住使用，因为就在楼上、下的距离，可以兼顾互不干扰的生活作息与方便平时往来照看。太象设计接手之后，首先为两个家庭三代人配置个别独立的完善生活机能，尽情享受合住的亲密与步调独立的自由自在，营造一处真正符合时事变迁；同时也能将设计者的创意、体贴永续传承的亲子二代宅。

安排在楼上的长辈住宅，主要以低调时尚的洗练风格呈现，将主人品味不凡的企业家特质表露无遗。玄关右侧准备了实用的鞋柜与衣帽间设计，视线正面则以导弧形的立面隔屏点缀主人喜爱的彩绘玻璃，巧妙化解家宅穿堂的禁忌，连同公共空间地面全数铺设纹理细腻的帝诺石材，其中玄关区地面还特别以水刀精工镶嵌的云纹滚边区隔内外。

走过黑色石材打造的门拱进入简洁的迎宾客厅，个性十足的黑白对比没有多余的装饰动作，无论是气势壮阔的电视主墙，还是精品软件、家具灯饰的配置，都以富于品味的前卫时尚为主题；彰显节奏明快个性主张。开放规划的客、餐厅之间，配合分区天花造型以及轻巧的特制升降萤幕柜界定空间属性，提供餐厅专属的视听机能，其中最醒目的视觉焦点，莫过于作为餐桌背景的立体框式精品柜，轻盈漂浮的体态加上灯光的烘托，自然摆脱重量感，中央背景内贴茶镜，丰富的光影越发显现外框复古玫瑰金雍容华贵的光泽，兼顾装置艺术与女主人喜爱的低调奢华唯美风格。

为了满足好客热情、事业有成的主人，好东西一定要与好友分享；经常在家宴客的需求，除了情境隐密的娱乐

1. 长辈专用的玄关设计以导弧形的立面隔屏，点缀主人喜爱的彩绘玻璃，巧妙化解家宅穿堂的禁忌。
2. 作为餐桌背景的立体框式精品柜，轻盈漂浮的体态加上灯光的烘托，彰显雍容华贵的名家气质。
3. 附设便利餐台的纯净轻食厨房，是家人与访客经常逗留聚集之处。
4. 娱乐空间，也讲究舒适、自在的氛围。
5. 长辈专用的迎宾客厅内，个性十足的电视主墙以黑白对比的石材精工打造，气势与品味皆属上乘。

DESIGNER NOTES
设计师档案

太象室内装修设计有限公司

空间设计的真正使命，是要将每一份对新生活的期待，转换为能具体实现的完美居住蓝图，为了达成这个目标，太象设计团队特别重视与客户端的沟通，透过专业的设计、严谨的施作细节及完善的工程管理，协助客户打造出动线、机能完善且美感独具的住宅新境界。

设计总监 | 李苍协　设计师 | 姚期陞、吕嘉蕙
地址 | 台北市信义路四段 30 巷 53 号 1 楼

SPACE PLANNING
空间规划

座落位置 | 台北．大安区
建筑形式 | 电梯华厦．楼中楼
空间坪数 | 室内面积约 160 坪
格局规划 | 双玄关、双客厅、双餐厅、3 厨房、2 书房、双主卧房、双娱乐间、视听室、客房、2 小孩房、2 储藏室
主要建材 | 多种天然大理石、进口皮革美耐板、钻石纹板材、皮革、钢琴烤漆、黑镜、不锈钢、麂皮、皮革砖、银箔、镶嵌玻璃、义大利烧面砖

间，在餐厅旁明亮的轻食厨房与便利餐台旁，更贴心规划了适合大火热炒的熟食区，搭配黑铁玻璃拉门维护视觉的穿透力，以井然有序的机能设定充实多元的生活、娱乐情趣，难怪家中总是笑声不断、冠盖云集。

占全宅近 1/3 使用面积的主卧室，干净俐落的动线规划外，还有着令人赞赏的体贴机能，包括五件式高规格浴室、以及男女主人个别专属的更衣间。线条分割细腻的床头造型，柔软的绷布释放舒适的眠卧温度，特别是床尾立面以镶嵌玻璃制作隔间、拉门的对称造型，界定出宁静的阅读区，靠墙以轻快几何序列打造的雪白书柜，散放朝气与活力，书桌后方挂饰一幅特制的地毯画，是设计师特别为爱猫的女主人量身订制的家居艺术。

除此之外，年轻夫妻专属的主卧室，以灰色麂皮一气呵成洗练的床头造型，简化的水平、垂直线条后方，隐藏着数量庞大的衣物收纳空间，不仅用来储放换季的生活琐物，也随时散放温馨迷人的写意氛围。

1 2 3
4

1. 长辈使用的主卧室以菱格纹线条分割，打造细腻的床头造型并释放舒适的眠卧温度。
2.3. 主卧室与专属书房间以镶嵌玻璃制作隔间、拉门的对称造型，界定出独立的空间属性。
4. 以灰色麂皮搭配简化的水平、垂直线条，看似一气呵成的床头造型后方，隐藏着数量庞大的衣物收纳空间。

01 特制摇控升降 TV 设计

→开放规划的客、餐厅之间，配合分区天花造型以及轻巧的特制摇控升降萤幕柜界定空间属性，提供餐厅专属的视听机能 ,其中最醒目的视觉焦点，莫过于作为餐桌背景的立体。

Editor's Recommendation

>> 编辑最推荐

02 墙面化身收纳多功能 Home Gallery

←建商原来规划的走道非常狭隘，设计师将廊道扩张后，将单调的走廊摇身一便成为多采多姿的 Home Gallery 收纳空间，黑白色彩对比加上俐落的几何分割，打造主人精品展示舞台的同时，也带出主人的独到品味。

03 高规格家庭剧院

↓年轻世代的客厅主墙，以独特的雕刻白石材延伸至地面，打造难度极高的主墙造型，除了别开生面的 3D 美感，精心配置吊隐式投影机、投影萤幕、环绕音响等家庭剧院系统，满足在家休闲的娱乐需求。

图书在版编目(CIP)数据

台湾名门府邸 / 黄滢 主编. —武汉 : 华中科技大学出版社, 2011.7
ISBN 978-7-5609-7122-3
Ⅰ. ①台… Ⅱ. ①黄… Ⅲ. ①住宅—建筑设计—台湾省—图集 Ⅳ. ①TU241-64

中国版本图书馆CIP数据核字(2011)第092755号

版权合作：茉莉美人文化事业有限公司

台湾名门府邸

黄滢 主编

出版发行：华中科技大学出版社（中国·武汉）
地　　址：武汉市武昌珞喻路1037号（邮编:430074）
出 版 人：阮海洪

策　　划：马　勇
责任编辑：段园园
责任监印：张贵君
装帧设计：周　婉

制　　作：广州百彤文化传播有限公司
印　　刷：利丰雅高印刷（深圳）有限公司
开　　本：965 mm×1270 mm　1/16
印　　张：22.5
字　　数：230千字
版　　次：2011年7月第1版第1次印刷
定　　价：320.00元（US $63.99）

投稿热线：(010)64155588-8000 hzjztg@163.com
本书若有印装质量问题，请向出版社营销中心调换
全国免费服务热线：400-6679-118　竭诚为您服务